picnicamp

오늘 하루, 감성 캠핑

작은 텐트 하나로 시작된 감성 라이프

글·사진 안흥준(피크니캠프)

오늘 하루, 감성 캠핑

루리책방
RURI-BOOKS

차례

이 책은 '피크니캠프'가 실제로 사용하고 있는 캠핑 장비를 이야기하면서 '감성 캠
핑'을 전하기 위해 썼습니다. 사용하고 있는 장비의 업그레이드는 언제나 현재진행
형이고 워낙 많기 때문에 모든 장비를 소개하지는 않았습니다. 그러니 제가 선택한
장비의 방향 정도로 이해해 주시면 감사하겠습니다. 각자의 개성과 취향대로 멋지
고 예쁜 장비를 구입해서 행복한 감성 캠핑을 즐기시기 바랍니다!

오늘 나의 행동이 다음 날 어떤 결과를 만드는지는 알 수 없습니다. 하지만 분명한 것은, 좋은 행동을 했다면 좋은 결과가 만들어진다는 사실입니다.

저는 캠핑을 통해 인생의 즐거움을 느끼기 시작한 것이 언제인지 기억이 되지 않을 정도로 캠핑을 다닌 지 오래되었습니다. 그런데 최근, 그 캠핑에 감성이 더해지기 시작했고 그렇게 생긴 작은 변화들이 눈에 보이더군요.

제 직업은 CF 감독입니다. 영상 만드는 것이 재미있어서 이것저것 찍던 것이 업으로까지 이어지게 되었지요. 캠핑 스타일이 감성적으로 바뀌면서 저는 제가 캠핑하는 모습을 영상으로 남겼고 그것을 유튜브에 올리기 시작했습니다. 말을 하며 정보를 전달하는 것도 아니고 그저 잔잔한 캠핑 일상을 보여드리는 게 다인데 그런 영상을 좋아하는 분들이 하나둘 모이기 시작했고, 지금은 이렇게 제 경험을 책으로 담는 가슴 벅찬 순간이 오게 되었습니다!

세상에는 다양한 사람이 있지요. 결국 캠핑도 다양할 수밖에 없고요. 저는 감성 캠핑을 하는 사람이고, 그래서 이 책은 감성 캠핑에 대해서 이야기합니다. 세상에는 고수라고 불리는 사람이 참 많지요. 하지만 저는 그저 감성 캠핑을 좋아하는 사람에 불과합니다. 감성 캠핑의 고수는 불과하고, 캠핑의 고수라고 불리는 것도 쑥스럽습니다.

그런 제가 이렇게 책 한 권을 낼 수 있게 된 것은 저와 비슷한 취향을 가진 분, 혹은 캠핑을 이제 막 시작하려는데 감성적인 무드로 캠핑을 시작하고 싶은 분, 혹은 그동안의 캠핑 스타일을 바꿔보고 싶어하는 분에게 조금이라도 먼저 감성 캠핑을 시작한 사람으로서 '어떤 장비로 어떻게 캠핑을 즐겨왔는지에 대해 이야기하는 것은 나쁘지 않겠다'라는 생각이 들었기 때문입니다. 물론, 어디까지나 저의 개인적인 경험과 생각으로 쓴 글이기에 책의 내용이 모두 감성 캠핑의 기준이 되는 것은 아님을 미리 밝힙니다.

'저거 순 장비빨 아니야?'라고 말하는 사람이 있을 수도 있습니다. 하지만 저는 그 장비가 나에게 주는 기쁨에 집중합니다. 캠핑 장비를 만든 사람의 감성과 나의 취향이 만나 구입한 장비는 꺼내어 쓸 때마다 기쁨을 줍니다. 그러한 의미에서 저는 '장비빨'이라는 단어를 좋아합니다. 과시하기 위한 장비가 아닌, 나를 기쁘게 하기 위한 장비빨은 대환영입니다! 감성 캠핑을 좋아하는 사람이 많아지면서 감성이 가득 담긴 장비를 만드는 곳이 점점 많아지고 있어서 행복할 따름입니다. 이 좋은 것을 어렵지 않게 시작하는 데에 도움을 드리고 싶은 마음이 컸지요.

누구나 행복하게 살고 싶어 합니다. 그저 공기처럼 거저 오는 행복도 있겠지만, 산을 타면 좀 더 맑은 공기를 마실 수 있는 것처럼, 조금만 노력을 하면 더 큰 행복을 맛볼 수 있지요. 우리는 추억을 먹고 살게 마련입니다. '아, 그때 참 좋았는데…' 하면서 말이죠. 그렇다면 '그때는 왜 좋았을까? 왜 기억에 남을까?'라는 생각을 해본 적이 있으신가요? '행복이란 과연 무엇일까?'에 대해 생각하다가 문득 그 이유를 깨닫게 되었습니다. 그것은 바로, 좋은 것들이 한꺼번에 모여서 잊지 못할 강력한 순간을 만들어냈기 때문이라는 것을요!

　일하고 싶던 회사의 합격을 확인하고 기쁜 마음에 편의점에 맥주 한 캔 사러 나갔다가 우연히 첫사랑을 만나게 되었다면, 그날은 합격의 기쁨과 사랑의 기쁨이 만나 평생 잊을 수 없는 좋았던 날로 기억될 것이 분명합니다. 이런 공식 같은 일은 영화에서 의도적으로 많이 만들기도 하지요.

　우리 인생에 잦은 우연을 바라기는 힘들지요. 하지만 내가 좋아하는 것을 모을 수는 있습니다. 어느 날 저는 제가 이미 그렇게 살고 있다는 것을 알았습니다. 그런 사실을 깨닫고 일부러 행동한 것은 아니었지요.

　맛있는 음식도 언제, 어디서, 어떻게, 누구와 먹느냐에 따라 느끼는 감흥이 달라질 것입니다. 너무 당연한 이치이지요. 캠핑이라는 문화에도 이 공식을 대입하면 됩니다. 제가 올리는 캠핑 영상은 제가 좋아하는 것들을 모아서 한꺼번에 즐기며 행복감을 크게 느끼는 모습으로 가득 차 있습니다. 좋은 기억이 많아지면 많아질수록 좋지 않은 기억은 줄어들기 마련이라고 믿거든요.

　모쪼록, 세상에 아름다운 것이 많아지길, 그래서 마음마저 아름다워지길 소망합니다. 그런 내용이 담긴 저의 책이 작게나마 도움이 된다면 더할 나위 없이 좋겠습니다.

　피크니캠프 채널을 사랑해 주시는 소중한 구독자, 아름다운 장비를 만들어 주는 제작자 모두에게 진심으로 감사하다는 말씀을 드립니다. 이 모든 것이 여러분들 덕분이니까요!

　우리의 감성 캠핑이 사계절 내내 행복하기를 바랍니다.

1부

감
성

캠
핑
이

뭐
지
?

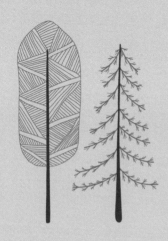

감성 캠핑에 대해
얼마나 알고 계신가요?

'감성 캠핑'

누가 처음 사용한 단어일까요? '감성'이라는 단어 자체는 '이성'이라는 단어와는 달리 굉장히 추상적이지요. 그래서 저마다 생각하는 개념이 다를 수밖에 없다고 생각합니다. 제가 생각하는 감성 캠핑은 '자연 속에 나의 정체성이 드러나고, 내가 좋아하는 물건을 가져다가 잠시 머물만한 작은 집을 꾸미는 것'이라고 생각합니다.

이 문장에서 제가 중요하다고 생각하는 것은 바로 '나의 정체성이 드러나고, 내가 좋아하는 물건'입니다. 캠핑은 비록 하룻밤 정도에 불과한 시간이지만 자연 속에서 먹고, 자고, 쉬어야 하기 때문에 물건이 없이는 불가능한 취미입니다. '장비가 중요하다'가 아니라 '장비가 거의 전부이다'라고 할 수 있습니다.

오늘 하루 감성 캠핑

사실 장비에 대한 취향도 다양할 수밖에 없습니다. 누군가는 알록달록하고 화려한 색감을 좋아할 수 있고, 또 누군가는 차분하고 어두운 느낌을 좋아할 수도 있고요. 심지어 한 사람이 다양한 모습의 캠핑을 즐길 수도 있습니다.

'오늘은 비가 오니 차분한 톤으로 캠핑을 해야겠어!'
'오늘은 햇빛이 눈부시니 화사하게 캠핑을 하고 싶네!'
'오늘은 친구들과 파티 분위기를 내면 재밌을 것 같아!'
'오늘은 야생적인 밀리터리 감성이 좋겠어!'

날씨나 자신의 기분에 따라서 캠핑의 전체적인 톤을 정하고 그에

맞는 장비를 준비해서 캠핑 장소에 도착해 자신의 입맛에 맞게 캠핑장을 꾸밉니다. 그리고 자신이 원하는 것을 실현했을 때, 그것이 자신의 눈으로 보기에 좋을 때 행복감을 느끼게 될 것입니다.

이렇게 자신의 취향이 반영된 장비로, 자신이 원하는 모습을 그려냈을 때. 그리고 그것이 보기에 좋을 때 사람은 행복감을 느끼게 됩니다. 이것이야말로 감성 캠핑이라고 할 수 있습니다.

사실 감성 캠핑을 하는 데에 정해진 무드나 장비는 없습니다. 개인의 취향이 더 중요하니까요. 하지만 오토바이라고 하면 할리데이비슨의 이미지가 떠오르듯, 감성 캠핑도 흔히 생각하는 이미지가 있고 그 이미지를 만드는 장비가 바로 알전구와 가랜드입니다. 이 두 가지만 세팅해 놓아도 보는 사람은 '저 사람은 감성 캠핑 하는구나…'라고 생각하게 됩니다. 그만큼 많은 분이 감성 캠핑을 한다고 했을 때 제일 먼저 마련하는 장비입니다.

하지만 거듭 말했듯이 감성 캠핑은 나만의 감성을 찾고 표현하는 것입니다. 그것이 더 즐겁고 만족감이 크기 때문이지요. 우리의 생각을 현실화할 수 있는 수많은 장비가 있기 때문에 우리는 누구나 마음만 먹으면 감성 캠핑을 할 수 있답니다!

나는 감성 캠핑한다!

세상엔 많은 사람이 있고, 그들 중 나와 같은 사람은 단 한 명도 없습니다. 그런데도 불구하고 캠핑을 즐기는 방법은 마치 약속이라도

한 것처럼 비슷비슷해 보이는 것이 현실이지요. 힘들게 짐을 싸고, 캠핑장에 도착해서 짐을 풀고, 준비해 온 삼겹살을 구워 먹고, 신나게 웃고 떠들다가 밤늦게 잠이 들어서, 늦은 아침에 일어나 라면을 끓여 먹은 후, 지친 몸으로 캠핑 물건을 정리한 후 집에 돌아와 쓰러집니다.

'이게 무슨 캠핑이야? 극기 훈련 아니야?'

이렇게 생각하는 사람도 많겠지요. 짐 챙겨서 먼 길 떠나 힘들게 짐 풀고 한바탕 먹고 떠들다가 또 힘들게 짐 정리해서 집으로 돌아오는 것. 이건 극기 훈련이 맞을지도 모릅니다. 마치 일을 하는 것처럼 몸과 정신이 다 피곤해지니까요.

그런데요, 젓가락 하나를 선택하더라도 나의 취향이 반영된 제품을 고르고 골라 최선의 선택을 하는 사람이 캠핑을 하면 어떨까요?

요즘에는 가볍고 사용하기 편한 장비라고 광고하는 제품도 많지만, 사용하기 조금은 불편할 수도 있고 무겁고 낡아 보여도 내가 좋아하는 물건을 가져와서 자연과 어울리는 것을 좋아하는 사람이 하는 캠핑! 저는 그것이 감성 캠핑이라고 생각합니다.

감성 캠핑은 힐링이다

캠핑은 무엇일까요? 저는 기본적으로 '집이 아닌 곳에서 하루 살아보기'라고 생각합니다. 캠핑을 즐기는 다른 사람들이 캠핑을 어떻게 정의할지는 모르겠지만, 적어도 저에게 캠핑은 힐링과 치유입니

다. 저는 캠핑을 통해서 도시에서 지친 마음을 치유하고, 거친 세상과 싸우며 상처받은 영혼을 어루만지고, 공허해진 가슴을 채우는 시간입니다. 정말로 힐링의 시간이지요.

　말을 멈추면 들리고 보입니다. 인간보다 아주 오래전부터 존재했던 자연은 셀 수 없는 시간 동안 인간의 흥망성쇠를 봐왔을 것입니다. 산에 흔히 있는 소나무도 가만히 바라보면, 혹독한 환경에도 변함없이 항상 그 자리에 있었다는 사실을 알게 되지요. 자연 속에 가만히 서서 나의 소리를 멈추고 그들이 하는 이야기를 가만히 듣다 보면, 나무와 풀, 바람, 그리고 작은 벌레들이 만들어 내는 소리가 얼마나 아름다운지 새삼 놀라게 됩니다.

　온갖 소음 속에 파묻혀 지내다가 자연 속에 들어가서 가만히 자연을 느껴보는 시간을 가져보시기를 바랍니다. 처음에는 적막한 시간이 낯설기만 하지요. 그동안 듣지 못했고 알지 못했던 자연의 소리가 들리기 시작하니 당황스럽기도 하고 어색하기도 할 것입니다. 하지만 인간은 적응의 동물이니 금세 그 소리에 익숙해지게 됩니다. 눈앞에 있는 나무가 나에게 건네는 목소리가 들리기 시작할 거예요.

힐링은 자신을 사랑하는 첫 번째 단계라고 생각합니다. 자연 속에서 나를 사랑할 수 있는 소리를 찾고, 그 안에서 진정한 쉼을 경험하는 것이지요.

솔로 캠핑이 진짜다

진짜 자신을 만나봤다고 자신할 수 있는 사람이 있을까요?

저는 어릴 적부터 저를 객관적으로 보는 것이 익숙했습니다. '나'라는 사람도 타인이 보면 '남'이라는 사실을 일찌감치 깨달았던 저는 나 스스로를 남처럼 보는 버릇이 있었습니다. 이런 습성 때문인지 내가 누군지에 대해서 잘 알고 있다고 생각하며 살아왔지요.

어려서 가족들과 함께 캠핑 여행을 떠났던 것이 시작이었고, 조금 더 자라서는 연인과 함께 다녔기 때문에 혼자 캠핑을 한다는 것은 생각해 보지 못했습니다. 그러다 우연찮게 혼자 캠핑을 할 수밖에 없는 상황이 생기게 되어 난생처음으로 강화도에서 첫 번째 솔로 캠핑을 하게 되었지요.

무척 어색했습니다. 옆에 아무도 없으니 말을 할 수도 없고, 그저

묵묵히 텐트를 치고 장비를 세팅했습니다. 혼자서 하려니 진도도 빨리 나가지 않고 힘이 들었습니다. 어느새 해질녘이 되어 저는 나지막한 음악을 틀고는 아이스박스에서 시원한 맥주를 하나 꺼내서 한 모금 마셨습니다. 따뜻한 봄바람이 살랑살랑 불기 시작했고, 해가 지면서 아름다운 석양이 펼쳐졌고, 좋아하는 음악이 잔잔하게 흘렀습니다. 그리고 그때 지금 이 모든 순간이 온전히 나만을 위한 것이라는 생각이 들더군요.

그렇게 말 없는 시간을 느끼면서 진짜 나는 무엇을 좋아하고, 무엇을 싫어하는지, 그리고 나는 어떤 사람인지에 대해 깨닫게 되었습니다. 나는 내가 누구인지에 대해서 객관적으로 잘 알고 있다고 생각했는데 사실 그건 진짜 나가 아니라는 사실도요!

많은 사람과 이뤄지는 관계 속에서는 진짜 나를 만날 수 없다는 것을 깨달았습니다. 그 시간 이후로 저는 자신 있게 말합니다. 진짜 캠핑이 무엇인지 느끼려면, 진짜 내가 누구인지 알려면 솔로 캠핑을 해 봐야 한다고 말이지요.

우리의 일상은 사람과 사람 사이 이루어진 관계 속에서 나에게 주어진 역할을 해내느라 바쁘지요. 누군가의 자녀로, 배우자로, 부모로, 혹은 친구로, 직장동료로….

사랑하는 사람들과 만드는 행복은 삶의 기본이라고 생각합니다. 하지만 모든 것이 좋을 수만은 없잖아요. 그런 수많은 관계 속에서 우리는 자신도 모르는 사이에 지쳐만 갑니다. 그러면서 내 옆에 있는 소중한 사람에게도 소홀해지기도 하고, 안 좋은 영향을 끼치게 되기도 하지요.

온전히 나를 위한 시간을 갖게 만들어 주는 솔로 캠핑. 혼자서 정적인 시간을 보내야 하는 솔로 캠핑은 혼자서 하는 여행과는 개념이 다릅니다. 혼자 있는 것을 좋아하고, 혼자 밥을 먹거나 술을 마시는 것에 익숙한 사람이라면 캠핑장에서 홀로 시간을 보내는 것이 어렵지는 않을 거예요.

하지만 그렇지 못한 사람이라고 하더라도, 나를 돌아보고, 주위 사람에게 더 많은 사랑을 줄 수 있는 시간을 갖기 위한 준비를 할 수 있는 솔로 캠핑에 도전해 보기를 권합니다. 균형 잡힌 행복을 위해서 스스로를 찾는 시간, 자신을 위한 시간을 갖는 기회를 만드는 것. 이것은 저에게 평생 동안 해야만 하는 소중한 일이 되었습니다.

감성 솔로 캠핑의 매력

솔로 캠핑을 떠난다는 것은 나를 위한 시간을 찾고, 만들고, 꾸려 간다는 의미이지요. 그렇기 때문에 모든 시간이 나에게 맞추어져 있습니다. 내가 먹고 싶은 것을 먹고, 내가 하고 싶은 것을 하면 됩니다. 아무것도 하고 싶지 않다면 아무것도 하지 않아도 됩니다. 솔로 캠핑을 하는 동안 만큼은 누구에게도 방해받지 않고 내가 세상의 중심이 되는 것이지요. 아무도 나에게 뭔가를 원하거나 시키지 않습니다. 그저 나는 자연 속에서 자유인이 되는 것입니다.

캠핑을 갔다고 해서 그곳에서 꼭 해야 하는 일 따위는 없습니다. 게임을 좋아한다면 머무는 시간 내내 게임만 실컷 하다 돌아와도 되고, 뜨개질을 좋아한다면 모닥불 앞에 앉아 뜨개질만 해도 되고, 잠이 모자랐다면 내가 꾸민 텐트 안에서 1박 2일 동안 잠만 자다 와도 됩니다.

늘 하던 일도 자연 속에서 하면 느낌이 완전히 달라지지요. 너무 하고 싶었던 일이 생긴다면, 저는 일부러 참았다가 캠핑장에 가서 하기도 합니다. 택배나 선물을 받고는 바로 뜯지 않고 캠핑을 가기까지 기다렸다가 캠핑장에서 언박싱을 하면 기쁨이 열 배가 됩니다.

2부

감성 캠핑의 봄, 여름, 가을, 겨울

싱그러운 봄,
캠핑을 시작하다

저는 감성 캠핑을 추구하는 사람입니다. 하지만 이런 저도 처음부터 감성 캠핑을 한 것은 아니랍니다. 일상을 살면서 저는 예쁘고 보기 좋은 것을 우선순위 삼아서 살아왔는데, 캠핑을 할 때에는 오로지 가성비만 생각했었습니다. 낡고 헤져서 버릴 위기에 처한 옷들을 걸치고 가서 지인들과 먹고 마신 후 집에 돌아와서 재활용 의류함에 버리는 생활형 캠퍼이기도 했지요.

그러던 어느 날, 인터넷에서 텐트 이미지를 검색하다가 우연히 반짝이는 텐트 하나를 마주하게 됩니다. 더러워져도 티도 잘 나지 않을 어둡고 칙칙한 텐트에 이리저리 쓸린 상처만 가득한 장비로 캠핑을 하던 저는 밝은 베이지색을 띄고 집과 비슷한 모양을 한 텐트를 보고 정말 신선한 충격에 빠져버렸습니다. 그때까지만 해도 텐트는

오늘 하루 감성 캠핑

모두 합성섬유인 폴리 재질로만 만드는 줄 알았는데 자세히 보니 그 텐트는 면으로 만들어진 것이었습니다.

'면 텐트? 비가 오면 새는 거 아니야? 시간이 지나면 썩는 건가? 때가 잘 탈 것 같은데 저거를 캠핑장에서 쓴다고?'

여러 생각이 들었지만 그것들을 모두 이기는 아름다움이었습니다. 결국 저는 그 텐트를 구입했고, 그것이 감성 캠핑의 시작이 되었지요. 텐트를 주문하고 도착하기까지 시간이 어떻게 흘렀는지 모르겠습니다. 텐트가 도착하자마자 저는 서둘러 캠핑장으로 출발했지요. 신이 나서 텐트를 설치하는데 무게가 엄청 나더군요. 그동안은 혼자서 텐트 하나는 뚝딱 설치하고는 했는데 이 텐트는 설치하는 시간도 굉장히 오래 걸렸습니다.

하지만 피칭을 마치고 한 발자국 떨어져 텐트를 보는 순간, 저는 새로운 세상이 열리는 것 같은 느낌을 받았습니다.

자연 속에서 텐트가 환하게 빛나고 있더군요. 공장에서 대량으로 찍어낸 인위적인 색깔의 텐트가 아니라, 텐트가 가지고 있는 밝은 베이지색은 자연의 일부분인 것처럼 잘 어울렸습니다. 지금 생각해 보면 면이라는 소재가 주는 친근한 이미지가 그런 느낌을 더해준 것 같기도 합니다.

넋을 잃고 새 텐트를 감상하던 저는 곧 문제가 생긴 것을 깨달았습니다. 기존의 장비가 전혀 어울리지 않았던 것이지요. 누군가 했던 이야기가 떠올랐습니다.

"새 구두를 선물 받았는데 거기에 어울리는 옷이 없더라고. 그래

오늘 하루 감성 캠핑

서 옷을 사러 백화점에 갔다는 거 아니야?"

저는 새 텐트로 인해 조금씩 장비를 바꿔가게 되었습니다. 한꺼번에 바꿀 수는 없으니 하나둘씩, 조금씩, 천천히….

공간을 채우는 3가지

대학을 졸업하고 미술학원 강사로 일했을 적에 개인 작업실을 마련한 적이 있었습니다. 태어나서 처음으로, 집이 아닌 곳에 나만의 공간을 갖게 된 것이었지요. 저는 그 공간을 꾸미는 것에 집중했고 빛, 향, 소리가 자연스럽게 공간에 채워졌습니다. 큰돈을 쓴 것도 아닌데

작업실에 있으면 마음이 편안해지더군요. 빛과 향, 그리고 소리가 어우러지면 마음이 편안해지고 심리적으로 안정이 되는 것을 경험했던 저는 그 후로도 나만의 공간이 생기면 빛, 향, 소리로 공간을 채웠고, 결국 캠핑장에서도 마찬가지가 되었습니다.

빛

스위치를 올리면 환한 불이 켜지는 집과는 달리 대부분의 캠핑장은 밤이 되면 스스로 빛을 만들어야 합니다. 요리를 하거나 책을 읽을 때에는 기능적인 빛이 필요하지만 그런 기능을 떠나서 빛이라는 것은 분위기를 형성하는 데에 가장 중요한 역할을 담당하기도 하지요.

제가 운영하는 감성 캠핑 유튜브는 '피크니캠프'라는 이름을 달

오늘 하루 감성 캠핑

고 있는데 저는 '빛크니캠프'라고 부르기도 할 정도로 빛을 중요하게 생각합니다.

캠핑장에서 기본적으로 빛을 만드는 것은 랜턴이 있는데, 저는 다른 건 몰라도 랜턴만큼은 다다익선多多益善이라고 자신 있게 말합니다. 저와 같은 생각을 가진 사람이 많은지, 세상에는 정말 아름다운 랜턴이 많습니다. 불을 켜지 않을 때에도 아름다움을 뽐내는 랜턴은 디자인 자체만으로도 만족감을 줍니다. 감성 캠핑에서 매우 중요한 장비일 수밖에 없지요.

빛을 만드는 랜턴, 혹은 램프는 연료에 따라 종류를 나눌 수 있습니다.

① 전기 랜턴 : 전기 랜턴은 충전해서 선 연결 없이 사용합니다. 그중 알전구 혹은 앵두 전구라고 불리는 랜턴은 감성 캠핑을 이루는 기본이기도 하지요.

전기 랜턴은 전기를 사용하기 때문에 화재의 위험이 적어서 차박을 할 때에 특히 유용하게 쓰입니다. 그중에는 실제 불의 움직임을 표현해내는 랜턴까지 나오고 있는 추세여서 레트로한 감성을 품고 감성 캠핑을 즐기기에 안전한 세상이지요!

② 캔들 : 캔들 혹은 캔들랜턴이 있습니다. 밝기가 그리 높지 않기 때문에 기능보다는 감성적인 분위기를 연출하는 데에 더 적합합니다. 바람에 취약하기 때문에 실외에서 사용할 때에는 되도록 바람을 막는 실드shield가 있는 제품을 사용하는 것이 좋습니다.

③ 파라핀오일 : 파라핀오일을 사용하는 랜턴도 대부분은 밝지 않습니다. 이 또한 분위기를 잡는 용으로 많이 사용합니다. 밝기는 약하지만 연비가 좋아서 340cc 정도의 용량의 랜턴에 기름을 가득 넣으면 밤새 불이 꺼지지 않을 정도이지요.

굉장히 오래 전부터 사용해오던 랜턴이기 때문에 세월이 느껴지는 디자인의 빈티지한 랜턴이 많습니다. 대부분은 유리 글로브가 씌워져 있기 때문에 바람에도 강해 수십 년 전부터 업무용으로 많이 사용하였지요. 선박이나 기차, 혹은 석탄광에서 사용하던 랜턴들이 새롭게 해석되어 지금도 만들어질 정도로 스테디셀러라고 할 수 있습니다. 유리 글로브가 깨지지 않도록 주의하고 심지만 잘 갈아주면 영원히 사용할 수 있을 정도로 내구성이 강한 것이 특징입니다. 개인적

오늘 하루 감성 캠핑

으로는 가장 좋아하는 랜턴이어서 많은 종류의 랜턴을 구입했고 지금도 예쁘고 멋진 디자인이 나오면 모으고 있습니다.

④ 가스 : 이소가스 혹은 부탄가스를 연료로 하는 랜턴입니다. 두 가스는 가스통의 모양만 다를 뿐 내용물은 같습니다.

방식은 두 가지가 있는데 매우 작은 관으로 가스를 분출해서 불을 붙여 작은 불빛을 만드는 방식과 맨틀Mantles이라고 불리는 실로 만든 주머니에 가스를 공급해 밝은 빛을 만드는 방식이 있지요.

앞의 방식은 파라핀 오일랜턴과 마찬가지고 기능보다는 감성적인 부분을 더 강조한 방식입니다. 그래서 역시 다양한 디자인의 제품이 존재하고 스페셜 에디션 모델이 많습니다.

맨틀을 사용하는 방식은 밝기가 좋기 때문에 기능적으로 좋습니다. 크기도 작아서 휴대하기 편해 미니멀한 캠핑을 할 때에 유용하지요. 다만 연비가 좋지 않아서 가스를 여분으로 더 챙겨야 합니다. 가급적이면 450g의 대용량 가스를 장착해 사용하기를 추천합니다. 물론 밝기를 낮추고 감성용으로만 사용한다면 230g 정도의 보통 용량의 가스도 충분합니다. 더 미니멀한 크기의 랜턴이라면 110g 용량의 이소가스로도 분위기를 완성할 수 있지요.

부탄가스나 이소가스 모두 워머라고 불리는 장비를 함께 사용하는 경우가 많습니다. 오일 종류의 연료와 달리 가스 연료는 전자장비 배터리처럼 기온이 낮으면 제 기능을 발휘하지 못합니다. 그래서 보온을 해줘야 하기 때문에 워머라고 부르지만 실상은 디자인적인 면을 강조하기 위해 많이 사용합니다. 가스랜턴은 가스통이 밖으로 노출이 되는 구조이기 때문에 랜턴이 아무리 아름답다 하더라도 가스통의 디자인이 어울리지 않는다면 보기에 좋지 않아서 계속 신경이 쓰일 수밖에 없습니다. 그래서 정말 셀 수 없을 정도로 다양한 워머들이 존재하지요.

물론 가스통의 디자인 자체가 훌륭한 제품도 간혹 있습니다. 유명한 브랜드의 가스는 한정판이라는 이름으로 발매되기도 하지요. 철, 황동, 우드, 라탄, 천 등 다양한 소재를 이용해서 만들기 때문에 자신의 취향에 맞게 선택하면 됩니다. 가스 워머와 랜턴의 조합이 좋을 때 가스랜턴은 완성이 된다고 할 수 있지요!

⑤ 백등유 : 화이트 가솔린이라고도 불리는 휘발유와 비슷한 연료를 사용합니다. 디자인만으로 감성적인 분위기를 살리는 데에도 한 몫 하지만 기능적인 면도 뛰어나서 매우 밝은 빛을 내지요. 하지만 연비는 좋지 않아서 연료통이 크고 무겁다는 단점이 있습니다. 당연히 가격도 가장 비싼 편에 속하지요. 하지만 스페셜 에디션 모델이 많이 만들어지기 때문에 수집용으로 인기가 많습니다.

백등유는 맨틀이라는 실로 만든 주머니에 연료를 공급해서 빛을 만드는 구조인데 다른 랜턴에 비해 불을 밝히는 과정이 까다롭습니다. 맨틀을 장착해서 불을 붙여 태운 후 연료를 채우고 펌프질을 하

고 밸브를 열고 점화를 해서 빛을 만드는 복잡한 과정을 거쳐야 하기 때문입니다.

누군가에게는 번거롭고 귀찮게 여겨질 수 있겠지만 저는 언제나 질리지 않고 재미가 있습니다. 간단하게 전기 충전을 한 후에 스위치만 돌리면 켜지는 평범한 랜턴과 달리 많은 과정을 필요로 하지만 특유의 쉬이익 하는 소리와 연료가 타는 냄새는 매번 저의 감성을 자극하기 때문이지요.

오늘 하루 감성 캠핑

향

좋은 공간에 좋은 향기가 난다면 더 좋겠지요. 캠핑을 한다고 하면 불 앞에서 고기 구우며 나는 냄새를 떠올리겠지만 감성 캠핑을 할 때에는 시각적인 것 못지않게 후각적인 요소도 중요합니다.

① 아로마 스틱 : 가정에서도 많이 사용하는 아로마 스틱입니다. 향기는 취향에 따라서 고르면 될 정도로 종류도 아주 많지요. 아로마 스틱은 공기가 끊임없이 움직이는 아웃도어 상황에서는 효과적이진 못합니다. 하지만 동계 캠핑을 할 때에 텐트 안을 은은한 향으로 채우기에는 좋습니다.

② 인센스 스틱 or 콘 : 연기와 향이 같이 퍼지는 제품입니다. 저는 아로마 스틱보다는 인센스 스틱이나 콘을 더 선호하는데 향기뿐만 아니라 흩날리는 연기가 시각적으로 안정감을 주기 때문입니다. 인센스 스틱이나 콘은 홀더가 있어야 하는데 향과 마찬가지로 제품이 많으니 취향대로 골라야 합니다.

　하지만 주의할 점도 있습니다. 공기가 차단된 밀폐된 실내에서 사용할 때에는 건강에 좋지 않을 수 있으니 환기에 신경을 써야 하고, 나무로 된 홀더를 사용할 때에는 작은 불씨가 자칫 나무에 떨어져 화재가 발생할 위험이 있습니다. 때문에 완전히 연소가 된 것을 확인해야 합니다. 저 또한 실제로 다 타지 않은 재가 나무에 떨어져서 홀더 하나를 태워먹은 경험이 있습니다. 잠이 들었을 때 이런 일

오늘 하루 감성 캠핑

이 발생했다면 정말 끔찍한 일이 생길 수도 있었겠지요. 매우 매우 조심해야 하는 제품입니다.

③ 향초 : 태우면 향기나 나는 초입니다. 작은 심지에서 일렁이는 불빛과 은은한 향기까지 즐길 수 있는 좋은 방법입니다. 하지만 역시 바람에 약하기 때문에 텐트 안에서 사용하는 것이 좋습니다.

④ 스머지 스틱 : 아메리카 원주민들이 몸과 마음의 치유를 위해 사용해온 오래된 힐링 방법이 있는데 말린 허브를 묶어서 태운 후 그 향을 즐기는 것입니다. 역시나 과정과 시간이 필요한 방법이라 번거롭게 느껴질 수 있지만 시간이 있을 때에 집에서 만들어 두었다가 캠핑할 때 사용하면 매력적인 향기를 느낄 수 있는 방법입니다.

그리고 팔로산토Palo santo라는 나무 조각이 있는데 이것 역시 태워서 나는 연기로 향을 즐기는 방법입니다. 태우지 않아도 나무에서 은은한 향기가 나기 때문에 그냥 놔두어도 괜찮습니다. 자연적으로 죽은 나무를 이용해 만들기 때문에 친환경적이고, 따로 가공하지 않고 자연의 소재 자체에서 향을 느끼는 방식이기 때문에 기분이 좋지요.

⑤ 페이퍼 인센스 : 종이에 향을 입힌 후 그것을 태워서 향을 즐기는 방식입니다. 불을 붙이면 불이 꺼지면서 향을 머금은 연기가 피어오르지요. 종이 형태이기 때문에 휴대가 간편하고 굳이 태우지 않아도 가방이나 지갑에 넣어두면 향을 즐길 수 있어서 좋습니다. 하지만 아무리 작은 불이라도 금방 커질 수 있기 때문에 불이 붙지 않는 소

재의 트레이에 올려서 사용해야 합니다. 쿠폰을 떼어내듯이 뜯어서 접어가며 주름을 만들고 트레이에 올려 즐기는 방식 자체도 굉장히 재미있어서 시간이 날 때에 한 번씩 해보면 좋습니다.

소리

자연의 소리를 듣는 것은 마음에 평안을 줍니다. 거기에 내가 좋아하는 음악이 곁들여진다면 더할 나위 없겠지요. 다만 전세캠핑이 아니라면 옆 자리에 피해를 줄 수도 있기 때문에 너무 큰소리가 나지 않도록 볼륨 조절에 신경을 써야 합니다.

오늘 하루 감성 캠핑

① 블루투스 스피커 : 핸드폰만 있다면 어디서든 음악을 들을 수 있는 스피커이고 휴대성도 좋아서 많은 사람이 이용하고 있지요. 라디오 기능이 있는 제품도 있어서 혼자 있는 게 싫은 기분이 들 때에는 라디오를 들으면서 옆에 사람이 있는 것 같은 기분을 느낄 수도 있습니다.

② 휴대용 LP : 개인적으로 LP판으로 음악 듣는 것을 좋아해서 가지고 있는 제품입니다. 레트로 느낌이 나는 제품을 워낙 좋아하다보니 지인들이 선물해준 것도 많습니다. 그 중 건전지로 작동하는 LP 플레이어가 있는데 캠핑 갈 때에 가지고 가면 참 좋습니다.

어릴 적부터 모아 온 LP 판을 올리면 바늘의 지지직거리는 소리와 함께 흘러나오는 소리는 깔끔하지는 않지만 무척이나 정감 있고 따뜻함이 느껴집니다. 옛날 노래를 찾아 듣는 재미도 쏠쏠하지요. 요즘에는 작고 가벼운 플레이어가 많이 있기 때문에 취향에 맞는 제품을 선택하면 됩니다!

③ 라디오 : 감성적인 제품을 꼽으라면, 안테나를 뽑아 올리고 주파수를 맞추는 과정을 거쳐야 하는 옛날 라디오가 최고이지요! 요즘에는 블루투스, 라디오, 스피커 기능이 모두 탑재되어 있는 제품이 많지만 저는 예전에 지인에게 선물 받은 오래된 라디오를 아껴서 사용 중입니다. 오로지 라디오 기능만 있으면서 심지어 크기도 커서 휴대성은 좋지 않지만 클래식하고 빈티지한 디자인 때문에 감성 캠핑을 책임지는 데에는 압도적인 역할을 담당하고 있습니다.

④ 오르골 : 오르골은 태엽을 감으면 아주 단순한 멜로디가 흘러나오는 간단한 장치입니다. 하지만 생김새, 소리가 나오는 원리, 신비로운 음향까지 독특한 감성을 주는 매력적인 장치이기도 하지요. 이전에는 그다지 관심을 두지 않은 물건이었지만 감성 캠핑을 하면서 오르골의 세계를 접한 후에는 깜짝 놀랐습니다. 심하게 빠지게 되면 예술 작품의 경지까지 갈 수 있는 세계입니다.

⑤ 힐링 악기 : 주로 명상을 할 때 많이 사용하는 악기들인데 단순한 소리를 냅니다. 감성 캠핑을 하면서 명상을 하는 것도 좋아하기 때문에 가끔씩 즐기고는 하지요.

싱잉볼과 땡샤는 오로지 한 가지 소리만 만들지만 그렇기에 매우 집중이 됩니다. 소리를 만드는 행위 자체가 힐링이 되지요. 싱잉볼은 한 가지 소리를 만들지만 여러 개를 사용하면 음악을 연주할 수도 있습니다.

멜로디를 연주할 수 있는 힐링 악기로는 칼림바와 텅드럼이 있는데, 칼림바는 나무에 길이가 다른 쇠막대기가 붙어 있어서 그것을 튕기면서 소리를 만듭니다. 크기도 작아서 두 손으로 감싸 쥐듯이 잡고 연주하면 됩니다. 특유의 몽환적인 소리가 너무 아름다워서 꼭 어떤 음악을 연주하지 않아도 충분히 아름다운 소리를 만들어 낼 수 있습니다.

텅드럼은 생김새가 굉장히 독특합니다. 이름에서 유추할 수 있지만, 타악기인데도 칼림바처럼 몽환적인 소리가 나서 굉장히 매력이 있습니다. 이것 역시 어떤 특정한 멜로디를 연주하지 않더라도 소리만으로 충분히 마음이 평온해지는 악기이지요.

⑥ 일반적인 악기들 : 솜씨가 있다면 기타나 우쿨렐레로 연주를 해
도 되지요. 저는 연주 실력은 뛰어나지 않지만 어깨에 기타를 메고
그냥 줄을 튕기는 것만으로도 즐거움을 느낍니다. 거기에 노래를 흥
얼거리는 것도 좋지요. 기분이 좋으면 노래를 흥얼거리는 건 자연스
러운 일이니까요!

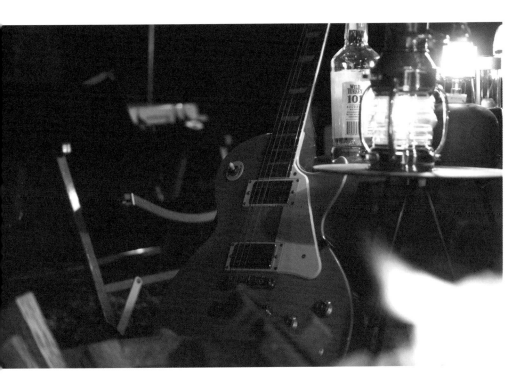

피크니캠프의 첫 번째 감성 캠핑 장비

앞서 이야기했듯이 저는 면 텐트를 구입하면서 거기에 어울리는 장비를 하나둘 모아서 첫 번째 감성 캠핑을 시작했습니다. 이때 제가 마련한 장비들이 감성 캠핑을 즐기는 최소한의 장비가 아닐까 생각합니다.

감성 캠핑을 즐기는 현재는 굉장히 많은 장비들이 추가되었지만, 초기의 장비를 되짚어보면서 어떻게 발전해왔는지 살펴보는 것도 재미있을 것 같네요!

오늘 하루 감성 캠핑

① 텐트 : 노르디스크 이든 5.5(Nordisk Ydun 5.5)

저의 첫 번째 감성 텐트입니다! 캠핑을 아이콘으로 표현할 때 자주 사용될 정도로 집을 닮은 원초적인 형태를 가지고 있지요. 양쪽이 완전히 개방되기 때문에 바람이 잘 통해서 하절기에도 사용하기 좋습니다. 바닥은 일체형이기 때문에 좌식모드만 가능하지만 바닥 공사를 잘 하면 텐트 안에서 뒹굴거리며 쉴 수 있는 즐거움을 맛볼 수 있습니다. 또한 각이 딱딱 맞아떨어지도록 장비 정리하는 것을 좋아하는 분이라면 이만한 텐트가 없습니다. 직사각형 구조여서 칼각으로 완벽하게 접을 수 있기 때문이지요!

② 타프 : 노르디스크 카리 다이아몬드20(Nordisk kari diamond 20)

텐트와 같은 색상, 같은 재질로 만든 타프는 일체감을 주기 때문에 저는 동일한 색상과 재질의 제품을 선호합니다.

제가 생애 처음 구입한 감성 텐트가 노르디스크 이든 5.5였기 때문에 타프도 같은 브랜드 제품으로 구입했습니다. 역시 면 제품이었기 때문에 크고 무거워서 처음에 설치할 때 굉장히 시간이 오래 걸렸었지요. 하지만 처음이라 어려웠던 것인지 지금은 팩 4개만 박으면 되는 가장 설치가 쉬운 타프가 되었습니다.

이 제품은 특유의 다이아몬드 형태 때문에 사각형 형태보다 그늘

오늘 하루 감성 캠핑

은 적게 생기지만 펼쳐 놓으면 그 자체로 너무 멋이 있지요! 현재까지 매우 만족하면서 사용하고 있습니다. 밝은색 타프가 햇빛에 반짝이는 모습이 너무 아름답고, 타프에 드리워지는 나뭇잎 그림자를 바라보는 것도 무척 좋습니다. 게다가 작년 여름에는 강아지 안나가 귀엽게 발자국을 만들어서 저에게는 더욱 특별한 타프가 되었습니다.

크기가 엄청나기 때문에 사이트가 정해진 캠핑장에서는 설치가 불가능하다는 단점이 있지만 노지 캠핑을 할 때에는 얼마든지 설치할 수 있습니다.

③ 팩 : 듀랑고 고강도 스틸팩(Durango die casting steel peg)

제가 사용하는 노르디스크 이든5.5는 폴대로 자립하는 텐트가 아니고 여러 개의 스트링으로 모양을 잡는 형식입니다. 땅에 팩을 많이 박아야 하지요. 순정으로 들어 있는 팩은 아주 무른 땅에는 발로 밟아도 들어가지만 조금이라도 단단한 땅이라면 망치질을 버티지 못합니다. 사실 노르디스크뿐만 아니라 대부분의 텐트에 기본으로 들어있는 팩은 거의 다 비슷하다고 생각하면 됩니다.

그래서 팩은 따로 구입하는 것이 좋습니다. 특히 겨울에는 땅이 아주 단단하게 얼기 때문에 팩이 단단하지 않으면 텐트 자체를 설치할 수가 없습니다. 게다가 나무 데크에 텐트를 설치해야 하는 경우도 있기 때문에 팩을 추가로 구입하는 것을 추천하는 편입니다.

팩 중에서도 감성이 느껴지는 것이 듀랑고 팩이었습니다. 강철로 만들어져서 매우 단단하고, 거친 마감이 빈티지한 느낌마저 들지요!

④ 팩 망치 : 콜맨 스틸 헤드 팩망치 (Coleman steel head peg hammer)

팩을 땅에 박을 때 사용하는 망치인데 일반적인 망치와 다른 점은 팩을 박을 때보다 뽑을 때에 편리할 수 있도록 고리 같은 부분이 달려 있다는 것입니다. 이 고리가 팩을 뽑을 때에 얼마나 유용한지는 직접 한 번 해보면 바로 알게 되지요. 캠핑을 할 때마다 수십 번씩 팩을 두들겨서 박고 뽑는 것을 반복해야 하기 때문에 팩과 더불어 팩망치는 튼튼한 것을 구입해서 사용하는 것이 괜한 중복투자를 막는 방법이기도 합니다.

⑤ 매트리스 : 콜맨 자충매트(Coleman self-inflating mat)

아무리 야외라고 해도 편히 누워 자려면 침대 같은 장비가 필요

하고, 캠핑에서는 매트리스나 야전침대를 주로 사용합니다. 큰 마트에서 가끔씩 꽤 괜찮은 캠핑 장비를 판매할 때가 있는데 현재 제가 사용하고 있는 이 매트 역시 마트에 쇼핑하러 갔다가 구입한 것입니다. 자충매트는 밸브를 열면 스스로 공기를 빨아들여서 부풀게 되는 매트인데 경량매트에 비해 부피가 크기는 하지만 설치가 무척 쉽습니다. 가성비가 좋아서 아직까지도 사용하고 있지요.

⑥ 담요 : 펜들턴(Pendleton)

펜들턴은 클래식한 패턴이 들어간 제품을 만드는 독보적인 브랜드입니다. 워낙 디자인이 좋아서 여러 다른 업체들과 콜라보도 다양하게 하고 있습니다.

예쁜 디자인의 펜들턴 담요는 텐트 바닥에 깔면 감성적인 무드를 연출할 수 있고, 넓고 두툼한 담요 자체의 촉감도 좋아서 덮고 자는 데에도 무리가 없습니다. 굉장히 자주 사용하는 제품인데 워낙 디자인이 많아서 능력만 된다면 전부 다 가지고 싶을 정도로 매력적인 제품입니다!

⑦ 침낭 : 미니멀웍스 카멜레온 350 2.0
(Minimal works Chameleon 350 2.0)

침낭은 사용하는 시점의 계절과 날씨에 따라 종류를 나눌 수 있습니다. 열대야로 고생하는 한여름을 제외하고는 늘 필요한 장비이기도 하지요.

저는 한파주의보가 발효될 정도로 추운 겨울에도 따뜻하게 잠을 잘 수 있는 성능을 가진 극동계용 침낭으로 캠핑하는 것을 좋아하지 않습니다. 침낭 안은 따뜻하지만 바깥의 공기는 매우 차갑기 때문입니다. 이런 침낭은 주로 겨울에 백패킹을 하는 캠퍼들이 사용하며 강한 추위에도 체온의 손실을 줄이기 위해 최상급 오리털이나 거위털 충전재가 가득 채워져 있습니다. 따라서 가격도 백만 원대로 매우 고가입니다.

저는 추울 땐 텐트 안의 공기를 난방 장비로 따뜻하게 만들기 때문에 두꺼운 침낭이 필요하지 않습니다. 그래서 적당한 두께의 간절기용 침낭만 가지고 있습니다. 하지만 적당한 두께일지라도 인공소재의 침낭보다 오리털로 만든 침낭이 훨씬 작게 접히기 때문에 휴대가 편리하지요. 가격은 수십만 원 정도 하기 때문에 가격 접근성도 더 좋습니다. 실제로 저는 이 침낭 하나로 일 년 동안 아무 무리 없이 캠핑을 하고 있습니다.

⑧ 필로우 : 씨투써밋 에어로 필로우 프리미엄 LG 그레이
(Seatosummit Aero Pillow Premium LG Gray)

캠핑을 가서 옷이나 수건을 둘둘 말아 베개로 사용하는 분도 계시지만 캠핑에서도 수면의 질은 중요하기 때문에 좋은 필로우는 챙기는 것도 나쁘지는 않습니다. 필로우는 매우 작게 접히기 때문에 가지고 다니기에도 부담이 없고, 입으로 몇 번만 바람을 불어 넣으면 완성되기 때문에 사용이 편리해서 되도록 구입하는 것이 좋겠지요.

⑨ 테이블과 체어 : 더 밴 우드롤탑 테이블(The ben Wood Rolltop Table),
콜맨 릴렉스 체어(Coleman Relax Chair), 펜들턴 x 헬리녹스 체어원홈
(Pendleton x Helinox Chair One Home)

가지고 있는 면 텐트가 감성을 강조하는 제품이다 보니 장비들도 플라스틱보다는 나무나 철, 가죽으로 만들어진 것이 어울린다고 생각했습니다. 그래서 테이블도 우드로 만든 제품을 구입했지요.

더 밴The Ben 이라는 한국 브랜드 제품인데, 이것을 시작으로 꾸준하게 우드 장비를 구입하며 감성 캠핑을 즐기고 있습니다. 아무래도 나무이다 보니 플리스틱보다는 무겁다는 단점이 있기는 하지만 자연에서 나온 소재로 만든 장비처럼 자연에 잘 어울리는 것은 없다고 생각합니다.

감성 캠핑 초창기에 사용하던 의자는 나무로 만든 것은 아니었지

오늘 하루 감성 캠핑

만 전체적인 톤이 잘 맞아서 그냥 사용했습니다. 멀쩡한 물건을 버리고 다시 구입하는 것은 낭비이기도 하니까요. 십 년도 넘은 제품인데도 너무 튼튼해서 아직까지 잘 사용하고 있습니다.

그리고 한국 브랜드이지만 외국에서 더 알아주는 헬리녹스라는 브랜드의 체어 중에서도 펜들턴과 콜라보로 만든 체어홈을 추가로 구입했습니다. 펜들턴의 패턴을 워낙 좋아했기 때문에 두 브랜드의 콜라보는 저의 지갑을 순식간에 비워버렸지요. 이때 체어와 테이블까지 모두 다른 패턴으로 구입해서 지금까지 잘 사용하고 있습니다.

⑩ 화롯대(장작 또는 숯 집게, 방염장갑) : 페트로막스 아타고(Petromax Atago), 페트로막스아라미드 프로 300 캠핑 내열 장갑(Petromax Aramid Pro 300 Gloves), 스노우피크 캠핑집게 N-020(Snowpeak Camping Tongs N-020)

가스버너를 이용해서 음식을 하면 편리하지요. 하지만 캠핑을 떠났으니, 캠핑장에서만 사용이 가능한 장작불을 사용하는 것을 추천합니다. 직화요리는 캠핑장에서만 할 수 있기 때문에 화롯대는 감성 캠핑에서 없어서는 안 될 존재이지요. 요리를 할 때 외에도 불멍을 할 수 있는 기능도 있기 때문에 대부분의 화롯대는 요리와 불멍 두 가지가 가능하게끔 만들어집니다. 동계에는 추위를 물리치는 역할도 하게 되지요. 요즘에는 요리보다는 난방과 불멍에 특화된 화롯대도 나왔습니다.

화롯대 역시 셀 수 없이 많은 종류가 나와 있지만 저는 아타고를 선택했습니다. 둥근 형태에 3단으로 접고 펼 수 있는 구조였고, 스테

인리스로 만들어져 반짝이는 것이 멋졌습니다. 공기가 잘 유입될 수 있도록 설계가 되었기 때문에 화력도 굉장히 좋습니다.

직화로 요리를 할 때에는 주물로 만든 냄비를 많이 사용하는데 매우 뜨겁기 때문에 저는 방염장갑도 동시에 구입했고, 불이 거세기 때문에 손으로 장작을 넣는 것은 위험해서 장갑 집게도 준비했습니다. 화롯대만 사는 것이 아니라 장갑과 집게도 함께 준비해야 손이 다치는 것을 막을 수 있습니다.

⑪ 조리도구(냄비,프라이팬, 도마, 집게, 칼) : 자코라 헤리티지 팬(Jakora Heritage pan), 롯지 무쇄팬 스킬렛(Lodge Cast Iron Pan Skillet), 아르떼레뇨 도마(Arttelegno cutting board), 오피넬 나이프(Opinel knife)

오늘 하루 감성 캠핑

무언가를 먹는 것은 캠핑이 아니더라도 인간이 매일 할 수밖에 없는 생활의 기본 요소입니다. 그러니 캠핑에서도 매우 중요한 부분이지요. 맛으로 평가되는 음식이지만 감성 캠핑을 할 때에는 과정까지 즐기는 것이 제맛이지요!

저는 직화로 요리하는 것을 좋아하기 때문에 불에 직접 닿아도 되는 조리도구를 준비합니다. 보통 무쇠로 만든 제품들이 튼튼하고 좋아서 많이 사용하는데, 저는 자주 가는 생활용품점에서 우연히 무쇠팬처럼 블랙 컬러에 손잡이가 나무로 되어 있는 팬을 발견하고는 너무 마음에 들어서 시리즈를 모두 구입해서 지금까지 잘 사용하고 있습니다. 블랙으로 코팅이 된 알루미늄 소재인데 무척이나 튼튼해서 직화로 계속 사용하는데도 전혀 망가지지 않지요. 제 영상을 보시는 분들이 꽤 자주 물어보는 제품인데, 자코라 헤리티지 팬이라는 한국 브랜드 제품인데 현재는 단종되었습니다. 그 외에도 롯지 무쇠팬 스킬렛을 크기별로 3종류를 구입해서 사용하고 있습니다.

음식 재료를 손질하는 도마는 나무로 된 것을 선택했습니다. 아르떼레뇨Artelegno라는 이탈리아 브랜드 제품으로 올리브 나무를 이용해 수공예로 만든 것이지요. 도마로 사용하지 않고 그냥 걸어만 두어도 감성이 폭발합니다.

캠핑용 칼은 전문점이 존재할 정도로 규모가 어마어마한 분야입니다. 역시 수많은 제품이 있지만 저는 프랑스의 오피넬 나이프를 선택했습니다. 기교 부리지 않은 정갈한 디자인에 폴딩이 되고 손잡이가 나무로 되어 있어서 사용할 때마다 기분이 좋지요. 처음에는 오피넬 클래식8VRIOpinel Classic 8VRI 하나만 구입했는데 큰 크기의 식재료를

다루기에 불편해서 후에 에펠레 15^{Opinel effilé 15}라는 큰 사이즈도 추가
로 구입했습니다. 칼이 매우 잘 들어서 조심해서 사용하지 않으면 손
을 베이기 쉬울 정도입니다. 나무의 재질과 색이 다양해서 취향에 맞
는 제품을 고르는 재미가 있지요.

⑫ 식기(접시, 컵, 커트러리 세트) : 콜맨 커트러리세트(Coleman Cutlery
set), 페트로막스 에나멜 플레이트(Petromax Enamel Plate)

캠핑 초기에는 페트로막스의 법랑 식기를 사용했지만 지금은 나
무 제품이 좋아서 다 바꾸었습니다. 나무 테이블에 잘 어울리는 까사
미아 제품의 우드 플레이트와 우드볼 등을 구입했지요. 콜맨의 커트
러리 세트와 작은 집게, 그리고 가위도 구입해서 사용 중입니다.

오늘 하루 감성 캠핑

⑬ 버너와 토치 : 소토 윈드마스터(Soto windmaster), 소토 ST-480(Soto ST-480)

캠핑을 하다보면 직화로 요리하기 힘든 상황이 생기기도 합니다. 그럴 때에는 버너를 사용해야 하는데 버너는 무엇보다 화력이 생명입니다. 흔히 고깃집에서 이용하는 부탄가스를 사용하는 방식의 버너는 바람에 매우 취약하기 때문에 아웃도어에서 사용할 때에는 바람막이가 필수입니다.

하지만 소토 윈드마스터는 이름처럼 바람에 절대 영향을 받지 않습니다. 일본 브랜드인 소토의 제품이 모두 비슷한 특징을 가지고 있는데 윈드마스터와 토치 모두 어떤 상황에서도 점화가 잘 됩니다. 그리고 화력이 매우 좋아서 악천후에 빠르게 조리할 때 매우 효과적이지요.

소토 토치는 가죽 케이스도 있어서 감성적인 무드로 사용할 수 있습니다. 이 두 가지 제품은 대안이 없다고 생각될 정도로 만족도가 큽니다.

⑭ 아이스박스 : 예티 툰드라 쿨러 35(Yeti tundra cooler 35)

캠핑 초창기에는 콜맨에서 나온 대용량 아이스박스를 사용했는데 감성 캠핑을 시작하던 시기에 예티라는 브랜드를 알게 되었습니다. 아이스박스를 메인으로 워터저그와 텀블러 등을 중점적으로 만드는데 제품의 특성상 플라스틱 재질로 만들 수밖에 없는데도 불구하고 감성적인 디자인이어서 굉장히 인기가 많습니다. 디자인도 좋지만 색감도 무척 마음에 드는 제품이지요!

⑮ 랜턴과 램프

개인적으로 랜턴을 좋아해서 콜맨 듀얼 퓨얼 랜턴Coleman Dual Fuel Lantern, 페트로막스의 스톰랜턴Petromax Storm Lantern, 디에츠 오리지널 오일 램프76Dietz Original Oil Lamp76, 베어본즈의 비컨 랜턴Barebones Beacon Lantern을 가지고 있었습니다. 이때만 해도 랜턴이 많은 것 같다고 생각했었는데, 지금 생각해 보면 참 귀여운 수준이었구나 싶은 정도네요.

⑯ 랜턴걸이 : 산조쿠마운틴 랜턴행거 쇼크

(Sanzokumountain Lantern Hanger Shock)

캠핑에서 랜턴을 사용할 때에는 테이블에 올려서 사용하기도 하지만 테이블 이외의 공간도 밝혀야 하기 때문에 랜턴걸이에 걸어서

오늘 하루 감성 캠핑

중간 중간마다 설치를 해야 합니다. 마음에 드는 제품을 찾기 위해 끝없는 검색 끝에 찾아낸 것이 바로 산조쿠마운틴이라는 일본 브랜드의 제품입니다.

쇠를 가공해서 만든 매우 심플한 형태인데 만듦새가 좋고 쇠로 만들었기 때문에 무척 튼튼한 것이 장점입니다. 땅에 망치로 하부구조물을 단단하게 박아 넣고 상부 구조물을 결합하면 되는 매우 간단한 구조인데 꺾인 각이 예술이어서 어떤 랜턴이든 걸면 아름답게 빛나게 되지요.

⑰ 컨테이너박스 : 미니멀웍스 알루미늄 컨테이너 D80(Minimalworks Aluminum Container D80), 하이브로우 밀크박스(Hibrow Milk Box)

캠핑 장비들은 크기가 다 다르기 때문에 그것들을 담는 장비도 반드시 필요합니다. 제가 좋아하는 제품은 미니멀웍스에서 나온 컨테이너박스입니다. 처음에는 가장 큰 제품을 사서 이것저것 다 담아서 다녔는데 지금은 랜턴이 많아져서 랜턴만을 보관하는 용도로 사용하고 있습니다. 알루미늄으로 만들었기 때문에 비를 맞아도 되고 뚜껑이 있기 때문에 안에 보관하는 장비가 상할 걱정도 없습니다. 게다가 크기는 커도 자체의 무게는 가벼워서 매우 만족하면서 사용하

오늘 하루 감성 캠핑

고 있습니다.

그 외에 하이브로우의 밀크박스도 작은 장비를 담아 이동하기에 좋습니다. 다만 뚜껑이 고정되지 않기 때문에 깨지지 않는 장비를 담는 데에 사용하고 있습니다.

⑱ 행어 : 미니멀웍스 인디언 행어(Minimalworks Indian Hanger)

작게 접히고 내구성도 좋은 행어를 크기별로 두 개 구입해서 요리용 팬을 걸어 놓는 용도로 아주 잘 사용하고 있습니다. 사용하기 편리한 것은 기본이고 걸어 두면 보기에 멋스러워서 감성 캠핑에도

적합합니다.

⑲ 스피커 : 마샬 킬번(Marshall Kilburn)

이 스피커는 캠핑용으로 구입한 것은 아닙니다. 그런데 감성 캠핑에 입문하고 보니 그 당시에 가장 인기가 많은 스피커더군요. 제가 구입한 것은 아이보리 컬러여서 노르디스크의 톤과 너무 잘 어울렸습니다. 생각지도 못한 조합이 너무 좋아서 무척 행복했던 기억이 있습니다.

⑳ 인센스 : HEM

처음에 사용하던 장비는 스틱형입니다. 집에서 사용하던 것이어서 그대로 캠핑장에 가져갔던 것이지요. 스틱형이었기 때문에 인센

오늘 하루 감성 캠핑

스 홀더도 스틱에 맞는 긴 형태의 것을 구입했는데 홀더의 크기가 너무 크고 콘 형태보다 연소시간이 짧아서 점차 스틱보다는 콘 형태의 인센스를 많이 사용하게 되더군요. 현재는 HEM에서 나온 제품을 주로 사용하고 있는데 인도에서 만든 제품이며 역사가 깊고 유명하지요. 향도 다양해서 기분에 따라 향을 바꾸는 즐거움이 있습니다.

캠핑 첫 시작, 감성적으로…

멋진 텐트와 거기에 어울리는 장비가 어느 정도 갖춰졌다면 드디어 감성 캠핑을 떠날 시간입니다! 힘겹기는 했지만 너무나 만족스러웠던 예쁜 텐트를 설치하고, 하룻밤을 묵기 위한 집을 완성하는 과정은 그동안 해왔던 생존형 캠핑과는 다른 느낌이었습니다. 나의 취향이 반영된 장비와 소품으로 채워넣는 것은 재미 그 이상이었지요!

매일 보던 하늘과 잔디도 더 아름다워 보이고, 정성껏 만들어 플레이팅한 요리는 먹기도 전에 배가 불렀으며, 어둑어둑해지는 느낌이 들 때면 랜턴을 하나하나 밝히고 불빛에 매료된 채 의자에 앉아 가만히 빛, 향, 소리에 집중하다보면 낭만 지수는 극에 달합니다.

저는 감성 캠핑을 봄에 시작했습니다. 지금 생각해 보면, 봄이라는 단어만으로도 설렘이 가득했고, 길고 길었던 겨울 동안 추위와 싸우다가 오랜만에 몸으로 따뜻한 날씨를 느낄 수 있었고, 바람에 실려오는 쑥쑥 자라난 나뭇잎과 봄꽃의 향기 덕분에 '지금 죽어도 좋다!'라는 생각까지 했었네요!

여름에도 감성을
포기할 순 없어

　많은 사람이 여름에 캠핑을 떠납니다. 휴가일정이 있고, 여름방학이 있고, 시원한 산과 계곡이 있으니 그렇겠지요! 하지만 저는 어떤 종류의 캠핑이던지 간에 캠핑이 처음이라면 여름은 피하라고 말하고는 합니다. 아니, 정말 말리고 싶을 정도이지요.

　더위를 잘 타지 않는 사람이라면 여름 캠핑이 괜찮을 수도 있지만 혹한기보다 혹서기가 캠핑하기에는 더 힘듭니다.

　사이트를 완성할 때까지 몸을 많이 사용해야 하는데 여름은 가만히 있어도 땀이 줄줄 흐릅니다. 그런 날씨에 사이트 구축을 하고 나면 몸은 이미 지치게 되지요. 땀으로 목욕을 한다는 말은 이럴 때 쓰는 걸 겁니다.

　또 모기를 포함해서 이름 모를 벌레들을 가장 많이 볼 수 있는 계절이 바로 여름입니다. 팩 망치로 팩을 박고 있는 와중에도 손에 모기가 달라붙으니까요. 겨울에는 아무리 추워도 열심히 사이트를 구축하다 보면 땀이 날 정도여서 춥다는 생각은 별로 들지 않습니다. 또 텐트 안은 난방을 해서 온도를 충분히 올릴 수 있기 때문에 쾌적한 느낌이 들 수 있지요. 하지만 여름에 텐트 안에 에어컨을 설치할 수는 없기 때문에 열대야가 겹치면 쉽게 잠들기 어려울 정도가 됩니다.

기온이 높으니 식자재는 상하기 쉬워서 관리하기 어렵고, 여름휴가를 맞아 캠핑장에 온 사람들이 많기 때문에 소음도 굉장합니다. 도시의 소음을 피해서 캠핑장에 왔는데 그곳에서 만난 또 다른 소음이

라니! 그래서 첫 캠핑을 여름에 한 분들은 '캠핑이 뭐 이래?'라고 생각하게 되지요. 안 좋게 자리잡은 첫인상은 결국 캠핑을 지속하지 않게 되는 이유가 되기도 합니다.

하지만 첫 캠핑을 여름에 시작하지 않는 게 좋다는 말이지, 여름에 캠핑을 하면 안 된다는 말은 아닙니다. 여름 캠핑의 매력도 얼마든지 있으니까요! 무엇보다 여름에는 시원한 물놀이를 할 수 있다는 아주 큰 매력이 있습니다. 친구, 연인, 가족과 함께 물놀이를 하면서 캠핑을 할 수 있는 것은 여름밖에 없지요.

또한 감성 캠핑의 끝판왕이라고 할 수 있는 우중 캠핑 또한 여름

오늘 하루 감성 캠핑

에 가능합니다. 비가 오면 한여름이라고 해도 기온이 낮아져서 캠핑하기 딱 좋은 기온이 되지요. 물론 비 때문에 습기가 많은 것은 사실이지만 텐트나 타프 아래에 앉아 시원하게 내리는 비를 보고, 나뭇잎에 떨어져 부서지는 빗방울의 소리를 듣고, 비 오는 날만 맡을 수 있는 비 냄새는 마음의 상처나 스트레스를 모두 사라지게 해 줍니다.

우중 캠핑과 장비

우중 캠핑은 한마디로 빗속에서 하는 캠핑을 말하지요. 그렇기 때문에 텐트와 타프가 비에 강해야 합니다. 또 비만 오는 것이 아니라 비바람이 부는 경우도 있기 때문에 장비는 더욱 튼튼해야 합니다.

사실 캠핑 최대의 적은 바람입니다. 그러니 태풍 수준의 강풍이 부는 날에는 계절과 상관없이 캠핑을 하지 않는 게 좋습니다. 그건 캠핑이 아니라 생존을 하느냐 마느냐의 문제가 되기 때문입니다. 또한 기본 상식이지만 물가와 가깝게 텐트를 치는 것은 매우 위험합니다. 특히 여름철에는 더욱 그렇지요. 물이 언제 급격하게 불어날지 아무도 모르니까요.

하지만 여름 한철 후두둑 내리는 여름비 정도라면 우중 캠핑을 할 수 있습니다. 물론 비가 올 때에는 캠핑 장비가 모두 물에 젖는다고 생각해야 됩니다. 그렇기 때문에 젖으면 안 되는 소재의 장비는 피하고 물에 젖어도 괜찮은 장비 위주로 준비를 해야 하는 것이지요.

텐트를 피칭하는 자리도 잘 살펴야 합니다. 물이 지나갔던 흔적이 있는 곳이나 물이 모이기 쉽게 생긴 곳은 당연히 피해야 하고, 바람 때문에 나뭇가지가 떨어질 수도 있기 때문에 큰 나무 아래는 피하는 것이 좋지요. 어쩔 수 없이 물길이 있는 곳에 피칭을 해야 한다면 삽으로 배수로를 파줘야 하지만 캠핑장의 바닥을 파내는 일은 가급적 하지 않는 것이 좋습니다. 캠지기님의 사유재산이니까요. 또한 장마가 길어질 때에는 산을 깎아서 만든 곳도 피하는 것이 좋습니다. 언제 무너질지 모르기 때문이지요.

여름에는 습기가 많이 올라오기 때문에 매트리스보다는 야전침대를 세팅하는 것이 더 좋습니다. 바닥 모드로 해야 할 때에는 방수가 되는 그라운드 시트를 텐트 아래에 깔아주어야 습기를 막을 수 있습니다. 그라운드 시트는 꼭 우중 캠핑이 아니어도 땅에서 올라오는 습기, 냉기, 열기를 막아주기 위해 사계절 내내 깔아주는 것도 좋지요. 그라운드 시트가 기본으로 포함되어 있지 않은 텐트는 따로 구입하면 됩니다. 타프를 설치해서 식사를 하거나 휴식을 취하고, 잠은 차에서 자는 방법도 있지요. 비를 맞으며 장비를 세팅하는 시간을 줄이는 것이 좋으니까요.

우중 캠핑 후 장비 관리

우중 캠핑을 즐기고 난 후 반드시 해야 할 일이 한가지 있습니다. 바로 장비 정리입니다. 물론 우중 캠핑뿐만 아니라 어떤 캠핑이든지 장비 정리하는 것이 중요하기는 하지만 특히나 여름철, 특히 우중 캠핑 후에 장비 정리는 특히 신경 써야 합니다.

텐트나 타프 같은 것들은 깨끗이 닦아서 햇볕에 잘 말려야 하는데, 그렇지 않으면 곰팡이가 생겨서 꿉꿉한 곰팡이냄새로 인해 다음 캠핑할 때에 찝찝한 기분이 들게 됩니다. 최악은 구입한 지 얼마 되지 않은 제품을 버려야 할 수도 있습니다.

철수하는 시간에 해가 잘 떠 있다면 자연광에 잘 말린 후 접어서 돌아오면 가장 좋겠지만 그런 상황이 되지 않을 경우에는 우선 젖은 채로 집으로 가져와야 합니다. 그 후 넓은 공간에 펼쳐서 말리는 것이 제일 좋지만 그런 공간이 없다면 차에 커버를 씌우듯이 텐트를 덮는 방법이 있습니다. 마른걸레로 물기를 최대한 닦아낸 후 몇 시간 동안 자연건조 시킨고 다시 텐트를 뒤집어 마른걸레로 다시 한 번 닦아주는 것이지요.

손으로 들었을 때 물이 떨어지지 않을 정도로 습기가 제거되었다면 실내로 가지고 와서 건조대 등을 이용해 널어놓으면 됩니다. 이때에는 텐트를 전부 다 펼치지 않아도 되기 때문에 건조대 공간만 있으면 가능합니다.

타프도 텐트와 마찬가지 방법으로 해 주면 되고 나머지 장비들은 마른걸레를 이용해서 물기를 하나하나 닦아주면 됩니다. 특히 좁은 틈마다 습기가 들어가 있기 때문에 부식이 쉬운 랜턴 같은 경우는 분해를 해서 완전히 다 닦아주는 것이 가장 좋습니다. 나무로 된 장비들도 모두 물에 씻어서 건조대에서 잘 말리는 것이 좋고요.

이렇게 사후 관리가 쉽지만은 않지만 우중 캠핑은 감성 캠핑 중에서도 가장 큰 매력이 있는 여름 캠핑입니다!

태양을 피하는 방법

여름에는 해가 길어서 자외선에 노출되는 시간도 길어집니다. 그렇기 때문에 그늘이 있는 곳에서 캠핑하는 것이 좋지요. 나무 그늘 아래는 포근하고 안락한 느낌마저 들기 때문에 태양을 피하기 가장 좋은 장소 중에 하나이지요. 하지만 가끔 나뭇가지에 앉아 쉬던 새와 벌레가 실례를 하기도 하고, 심지어 가끔은 추락하는 벌레를 만나기도 합니다. 이런 것들이 정성스레 만든 요리에 떨어지기라도 하면 많이 놀랄 수밖에 없겠죠.

오늘 하루 감성 캠핑

그래서 태양도 피하고 예측하기 힘든 오물도 피하기 위해 여름엔 타프를 꼭 쳐야 합니다. 특히 여름은 일기예보와 다르게 갑자기 비가 내리기도 하는 계절이기 때문에 타프는 필수 중에 필수입니다.

타프 역시 매우 다양한 종류가 있습니다. 그중에서도 역시 저는 면으로 만든 타프를 좋아합니다. 면 텐트와 같은 색상의 타프를 설치하면 텐트와 어우러져 근사한 공간이 만들어집니다. 단색의 타프도 있지만 감성적인 패턴이나 그림이 그려진 타프도 있어서 분위기를 연출하기 좋습니다. 다만 비가 올 때에 캠핑을 한다면 면으로 만든 타프는 빗물을 흡수하기 때문에 굉장히 무거워지지요. 그래서 타

프를 세우는 폴대가 매우 튼튼해야 하고 팩도 단단히 박아야 안전합니다.

타프와 텐트를 같은 브랜드의 같은 색으로 세팅하면 일체감이 느껴져서 좋지만, 그렇지 못한 경우에도 매칭만 잘 하면 독특한 분위기를 낼 수 있기 때문에 저는 다양한 색의 타프를 마련해서 상황과 기분에 맞게 사용하고 있지요.

① 노르디스크 카리 다이아몬드20(Nordisk kari diamond 20)
앞에서도 설명했지만 제가 제일 처음 마련한, 그래서 더욱 애정

오늘 하루 감성 캠핑

하는 타프입니다! 이름처럼 다이아몬드 형태로 되어 있고 피칭을 해 놓으면 큰 새 한 마리가 날개를 펼치고 있는 것처럼 보여서 조형미가 정말 아름답습니다.

② 힐레베르그 10XP sand(Hilleberg 10 XP sand)

힐레베르그 케론4GT sandHilleberg keron4GT sand 텐트와 동일한 세트로 구입한 타프입니다.

텐트 브랜드의 명품답게 주머니에 접어 넣어도 될 만큼 가볍지만 매우 튼튼합니다. 그리고 설치하고 나면 모양이 굉장히 아름답지요.

빗물에도 강해 폭우가 내려도 끄떡없는 성능을 자랑하며 비가 그친 후 건조도 굉장히 빠릅니다. 저는 힐레베르그 타프는 우중 캠핑할 때에 매인으로 사용하고 있습니다.

③ 디디타프 3X3 코요태브라운, 썬셋 오렌지

(DD Tarp 3X3 Coyote Brown, Sunset Orange)

크기가 적당하고, 다양하게 형태를 변형해서 사용할 수 있다는 장점이 있습니다. 스트링을 묶을 수 있는 매듭이 많아서 타프를 세우는 폴대가 없더라도 근처에 나무만 있다면 나무에 걸어서 사용이 가능하다는 특징이 있습니다.

오늘 하루 감성 캠핑

④ 티클라 레퓨지오 타프(Ticla refugio tarp)

같은 브랜드의 티하우스 텐트와 매칭하기 위해 선택했습니다. 커다란 삼각형 두 개를 조합해 사용하는 형태여서 형태의 변형이 가능하다는 특징이 있습니다. 아이보리 톤의 밝은 색이라 어떤 환경에 설치해도 빛이 납니다.

⑤ 미니멀웍스 망고쉐이드 렉타타프 EX올리브

(Minimalworks Mango Shade Reta Tarp EX Olive)

같은 브랜드의 폼프 텐트와 매칭하기 위해 선택했습니다. 가지고 있는 타프 중에서 가장 어두운 색이어서 햇빛을 가장 잘 차단해주기 때문에 타프 아래에 있을 때 마치 실내에 있는 것 같은 아늑한 느낌을 줍니다.

벌레를 피하는 방법

한겨울을 제외하고 캠핑장엔 늘 벌레가 있습니다. 특히 한여름이 되면 정말 많은 모기를 만날 수 있고, 밤에는 램프의 불빛 주위에 온갖 날벌레들이 모여드는 것을 볼 수 있지요. 저는 벌레를 자주 접하다보니 이제는 웬만한 벌레는 신경을 쓰지 않는 경지가 됐지만 모기는 직접적인 고통을 주기 때문에 아주 싫어합니다.

캠핑을 하면서 모기를 막는 가장 확실한 방법은 모기장 안에 들어가는 것이지만 모기장 안에 들어가면 답답하기도 하고, 무엇보다 감성지수가 떨어지지요. 그래서 저는 모기에게 물리지 않기 위해서 몸에 모기 기피제를 뿌리고 모기향을 피우고 초음파 모기 퇴치기까지 설치합니다. 그래도 모기에 물리기는 하지만 안했을 때보다는 훨씬 적게 물리지요.

　　그리고 불빛으로 몰려드는 날벌레를 유인하기 위해 사이트에서 조금 떨어진 곳에 가장 밝은 랜턴을 설치해둡니다. 그러면 날벌레들은 그곳으로 더 몰리기 때문에 훨씬 낫지요. 그래도 완벽하게 벌레를 막을 수는 없기 때문에 벌레를 극도로 싫어하는 분이라면 그냥 모기장 안으로 들어가는 것을 추천합니다!

　　　　　　　　　　　　　　　　　오늘 하루 감성 캠핑

여름엔 아이스박스

야외에서 먹는 음식은 어떤 것이든 더 맛있습니다. 그 즐거움을 위해 소중한 음식이나 식재료를 안전하게 관리해야 하는데 그때 필요한 것이 바로 아이스박스입니다. 대부분의 캠퍼들이 여름뿐만 아니라 겨울철에도 아이스박스는 항상 가지고 다닙니다.

감성 캠핑을 위한 장비들이 기능보다는 감성적인 디자인을 위주로 선택하게 되지만 아이스박스는 기능이 떨어지는 것은 매우 위험합니다. 음식이 상하면 안 되니까요. 하지만 다행히 아이스박스도 감성적인 디자인과 색감을 지닌 성능 좋은 제품이 많이 있습니다. 각자의 취향에 맞게 그리고 가지고 있는 장비들과의 매칭을 고려해 디자인과 색감을 선택하면 됩니다.

캠핑에 가지고 가는 먹을 것은 크게 음식과 음료 두 가지로 나눌수 있습니다. 용량이 큰 아이스박스에 한 번에 다 넣어다니는 것이 편리하기는 하겠지만 음료를 시원하게 즐기기 위해서는 음료용 아이스박스를 따로 준비하는 것이 더 좋겠지요. 음료를 시원하게 하기 위해서는 얼음팩을 사용하는 것이 아니라 얼음에 음료가 직접 닿게 해서 보관하는 게 좋은데 아무래도 얼음은 녹을 수밖에 없고 물이 아이스박스에 차오르게 되기 때문에 식재료와 함께 보관하면 가끔씩 식재료가 물에 젖는 경우가 발생하기 때문입니다.

특히 여름철에는 식재료가 좋지 않은 균에 오염될 위험이 있기 때문에 가급적이면 아이스박스를 두 개 마련해서 나눠서 가지고 가는 것을 추천합니다. 별것 아니지만, 해보면 훨씬 쾌적하게 음식을 즐길 수 있다는 것을 금방 느낄 수 있습니다.

그리고 용량을 다양하게 가지고 있다면 캠핑의 규모에 따라 짐을 꾸릴 때에 스트레스가 덜하기도 합니다. 솔로 캠핑을 할 때와 가족과 함께 캠핑을 할 때에는 당연히 준비해야 하는 음식의 양이 다르기 때문이지요!

제가 가지고 있는 아이스박스를 작은 것부터 큰 것까지 소개해 드리도록 하겠습니다.

① 폴러스터프 아이스백(Polerstuff iceback)

주로 모토 캠핑을 할 때에 사용합니다. 크기가 매우 작아서 최소한의 식재료만 넣어갈 수 있고 도착 후 다음날 아침까지 안전하게 신선도를 유지하기엔 무리가 있어서 당일용입니다.

② 베어본즈 익스플로러 쿨러백 그레이
(Barebones Explorer Coolerbag Gray)

역시 모토 캠핑을 할 때에 주로 사용하고 오토 캠핑할 때에는 음료만 따로 보관하는 용도로 사용합니다. 역시 빈티지한 디자인이 좋아서 구입했습니다. 소프트쿨러는 어쨌거나 당일용입니다.

③ 스탠리 어드벤처 프로 그레이드 쿨러
(Stanley Adventure Pro-Grade Cooler)

진입장벽이 좋고 제품도 다양해서 대중적으로 가장 유명한 브랜드 제품입니다. 적당한 가격만큼 적당한 크기와 적당한 보냉력을 갖

추고 있습니다. 하드쿨러여서 다음날까지 식재료를 보관해도 안전합
니다. 미니멀한 오토 캠핑을 할 때에 식재료와 약간의 음료를 동시에
보관하는 것도 가능한 크기입니다. 손잡이가 달려서 이동이 편하고
상부에 고무줄이 달려 있어서 수통 같은 장비를 거치할 수 있는 특
징이 있습니다. 칼라도 몇 가지 있어서 캠핑 좋아하는 분들은 대부분
하나씩은 가지고 있다고 해도 과언이 아닌 제품입니다. 그만큼 인기
있는 감성 캠핑 용품입니다.

④ 예티 툰드라 쿨러 35(Yeti tundra cooler 35)
아이스박스의 보냉력은 두께로 알 수 있습니다. 앞서 소개한 스
탠리보다 외형적으로는 상당히 크지만 용량은 크게 차이 나질 않습

니다. 이유는 보냉력을 높이기 위해 내벽의 두께가 상당하기 때문입니다. 폭염주의보가 발령될 정도로 온도가 높은 날에는 이 정도의 아이스박스를 사용해야 안전합니다. 다음날까지 얼음이 살아 있고 심지어 캠핑이 끝나고 귀가 후까지 아이스팩이 얼어있기도 합니다. 빈티지한 중간톤의 색감이 감성 캠핑에 잘 어울려 구입했는데 보냉력도 좋아서 자주 사용합니다.

⑤ 로버 쿨러25,35,45QT(ROVR Cooler 25,35,45QT)

예티처럼 강력한 보냉력을 자랑하는 브랜드입니다. 크기별로 다

오늘 하루 감성 캠핑

양한 종류가 있고 컵홀더와 미니 테이블 그리고 파라솔 거치대가 있다는 점이 독특합니다. 심지어 자전거에 연결해 끌고 다닐 수 있는 견인고리도 장착할 수 있습니다. 색감이 산뜻해서 여름에 특히 잘 어울리는 제품이라는 생각이 듭니다.

⑥ 콜맨 아이스박스 54쿼터 스틸 벨트 쿨러
(Colman Ice Box 54 Quarter Steel Belt Cooler)

제가 가장 먼저 구입한 아이스박스입니다. 가장 큰 용량이라 솔로 캠핑보다는 가족 캠핑에 잘 맞습니다. 아이스박스 외부가 스테인리스로 되어 있어서 클래식한 느낌입니다.

큰 용량이기 때문에 내용물을 가득 채우면 감당하기 힘들 정도의 무게가 됩니다. 그래서 집에서부터 식재료를 가득 채워서 사용하는 것이 아니라 캠핑장에 도착해서 내용물을 채워서 사용하는 것이 허리부상을 예방할 수 있습니다. 아이스박스 전용 거치대가 있다면 그곳에 올려서 사용하면 허리를 덜 숙여도 되고 아이스박스 바닥에 이물질이 묻지 않아서 훨씬 더 편리합니다.

그 밖의 여름 장비들

① 여름용 텐트 : 뮤즈 원터치 팝업 텐트 U(Muse One Touch Pop Up Tent U)

텐트를 피칭하는 과정을 좋아하고 즐기긴 하지만 무더운 여름철엔 체력관리를 위해 조금은 과정을 줄이는 것도 캠핑을 즐기는 좋은 방법이라 생각합니다. 그래서 마련한 텐트입니다. 펼치는데 1초, 접는데 20초 정도 소요되기 때문에 너무너무 간편합니다. 게다가 아이보리 톤이어서 감성 캠핑에 아주 잘 어울리지요!

오늘 하루 감성 캠핑

② 선풍기

- 보네이도 실버스완(Vornado Silver Swan)

미국제품이어서 110볼트 전용입니다. 그래서 변압기가 필요하긴 하지만 레트로 디자인에 매료되어 주문을 하고 말았습니다. 바람이 굉장히 강력해서 여름에 최고입니다.

-크레모아 V600(CLAYMORE V600)

충전식 선풍기 중 두말하면 입 아플 정도로 인기가 많은 제품입니다. 다리 세 개의 클래식한 디자인도 매력적입니다.

-포레스트 탁상용 선풍기

크기는 작지만 바람이 시원합니다. 보조 선풍기로 잘 사용하고 있는 제품입니다.

③ 워터저그 : 스위스 밀리터리 워터저그 4L(Swiss Military Waterjug 4L)

보온 보냉 기능이 있어서 여름에 물과 얼음을 넣어두면 시원한 물을 마실 수 있도록 해 주는 장비입니다. 물론 여름이 아니어도 물을 마시기 위해 사용하기는 하지만 여름에는 시원한 물 없이 캠핑하는 것은 너무나 힘들기 때문에 워터저그는 무조건 필수라고 말할 수

오늘 하루 감성 캠핑

있습니다. 얼음을 가득 채워 넣으면 다음 날 아침까지도 시원한 물을 마실 수 있습니다.

다양한 제품이 있지만 솔로 캠핑에 맞는 적당한 크기이고 가격은 3만 원대로 저렴했기 때문에 구입했습니다.

자연이 주는 60일 간의 선물,
가을 캠핑

덥고 습한 무더운 여름이 가고 맞이하는 가을에는 바깥 활동하기 무척 좋은 날씨를 즐길 수 있지요. 무엇이든 다 좋지만 캠핑이야말로 자연을 가장 완벽하게 즐기는 방법이라고 생각합니다. 화려한 색으로 물든 단풍 아래에 사이트를 구축하고 맛있는 음식을 만들어 여유로운 시간을 즐기다보면 화려한 색의 단풍으로 눈이 즐겁고, 나뭇잎이 바람에 일렁이며 서로 비비적거리며 내는 소리와 새들의 지저귐으로 귀가 즐겁고, 나무가 만드는 상쾌한 공기로 코가 즐겁고, 맛있는 음식으로 입이 즐겁지요. 거기에 새로 산 옷이나 장비를 만지며 나 자신도 하나의 감성소품이 되면서 멋을 낼 수 있으니 얼마나 기분이 좋은지 모릅니다. 오감이 즐거울 수밖에 없지요.

가을 캠핑엔 정말 아무것도 하지 않고 조용한 산속에 앉아만 있

오늘 하루 감성 캠핑

어도 힐링이 됩니다. 덥지 않기 때문에 여름에는 즐기지 못했던 불멍도 밤새 할 수 있고, 그렇기에 더더욱 감성 캠핑을 원없이 할 수가 있지요.

　겨울 뒤에 찾아오는 봄은 일교차가 커서 준비를 단단히 해야하지만 가을엔 일교차가 봄보다 적고 심지어 하루 종일 20도 안팎을 유지하는 날도 있기 때문에 캠핑하기에 최고의 계절이지요. 하지만 가을은 겨울을 찾아가는 시기이기 때문에 해가 진 후에는 기온이 내려갑니다. 특히 산이나 계곡에서 캠핑을 할 때에는 더 심하고, 아주 깊은 산속은 일시적으로 영하의 날씨가 되기도 합니다. 그렇기 때문에 가

을 캠핑을 안전하고 따뜻하게 즐기기 위해서는 난방장비를 꼭 챙겨야 합니다.

테트 밖에는 화롯대의 모닥불로도 충분하고, 잠을 자기 위해 텐트 안으로 들어가서는 침낭 아래에 설치한 전기장판이나 작은 용량의 전기난로 정도가 있으면 좋습니다. 아니면 동계용 두꺼운 침낭을 사용해도 되고요.

가을은 시원한 날씨가 하루종일 우리를 즐겁게 해 주지만 9월과 10월 60일이라는 짧은 시간 동안 단풍 몇 번 보고 나면 비와 함께 어느새 앙상한 가지만 남게 됩니다. 그러니 틈이 생기면 캠핑을 하는 게 아니라 없는 틈도 만들어서 캠핑을 해야 하는 시기입니다. 가을 캠핑은 푸른 잎들이 붉게 물들어가고 기온도 적당한 계절이라 자연이 주는 최고의 선물이지요!

저는 가을에 캠핑을 할 때에는 제가 좋아하는 나무로 만든 장비를 최대한 사용합니다. 나무 장비들은 캠핑 장비라기보다는 가구 같은 느낌을 주기 때문에 사이트를 꾸밀 때에 마치 집을 짓는 것 같은 기분이 들기도 하지요. 아무 것도 없는 땅 위에 집을 짓는다고 생각하면 작업은 고되어도 더 재미있습니다.

내가 만드는 침실

침실을 만들기 전에 우선 입식으로 할 것인지 좌식으로 할 것인지를 정해야 합니다. 취향과 분위기에 맞게 선택하면 됩니다.

입식 캠핑은 텐트 내부까지 신발을 신고 움직이는 형식이어서 야전침대를 사용하는데 대부분 좌식모드에서도 사용할 수 있도록 높낮이 조절이 되게끔 만든 것입니다.

좌식 캠핑은 텐트 내부에서 바닥에 앉아서 생활하는 형식이기 때문에 입식보다 준비해야 하는 장비가 더 많습니다. 나무 데크에 텐트를 설치하면 그래도 좀 괜찮을 수 있지만 맨땅 위에 설치해야 하는 경우에는 바닥 세팅에 신경을 많이 써야 하기 때문입니다. 대부분은 자충매트를 깔고 그 위에 담요를 크게 덮은 뒤에 에어매트리스를 올리고 침낭이나 이불을 세팅합니다. 이 정도로 세팅해 두면 굉장히 푹신해서 생각보다 아늑하게 생활할 수 있습니다.

에어매트리스도 두께에 따라 다양한 제품이 있는데 가을 캠핑은 감기에 걸릴 수도 있기 때문에 웬만하면 무거워도 두꺼운 매트리스를 추천하는 편입니다.

야전침대

① 헬리녹스 코트홈 컨버터블 베이지

　(Helinox cot home convertible-beige)

따뜻한 색감이 노르디스크 텐트와 감성이 잘 맞아서 구입했습니다. 2단계로 높이 조절이 가능해서 텐트의 높이에 맞게 조절하며 사용하면 좋습니다. 무엇보다 질감과 색감이 너무 예쁩니다.

② 미니멀웍스 코트 앤드 베이지(Minimalworks cot and beige)

헬리녹스 제품보다 설치가 간편해서 선택했습니다. 역시 높낮이 조절이 2단계로 가능합니다.

매트리스

① 씨투써밋 컴포트 플러스 인슐레이티드(XT RG RT WD)

입으로 불어서 공기를 주입할 수도 있지만 파우치와 연결해 공기를 모아서 주입할 수 있어서 매우 편리합니다. 공기층이 앞뒷면으로 나누어져 있어서 모두 바람을 넣으면 꽤 두툼하게 되기 때문에 어떤 지형에 놓아도 편리하게 잠을 잘 수 있습니다.

② 인텍스 에어매트 듀라빔 베이직(더블)

(Intex Airmat Dura beam Basic (Double))

가족 캠핑용 매트리스로 사용하기 위해 구입했습니다. 그래서 솔로 캠핑을 할 때에는 사용하지 않습니다. 코스트코에서 판매할 때 저렴한 가격으로 구입해서 잘 쓰고 있는데, 펌프질을 많이 해야 하는 제품이어서 운동하는 기분이 들기도 하지요.

캠핑장에서 만드는 거실과 주방

실제 우리가 살고 있는 집의 구조는 대부분 거실과 주방을 나누어서 사용하지요. 캠핑을 할 때에도 거실과 주방을 나누는 경우도 있지만 대부분은 연결해서 사용합니다.

캠핑장에서는 불멍을 하는 화롯대를 중심으로 거실을 만듭니다.

화롯대 주위에 의자와 테이블을 설치하고, 주방에서 음식을 만들어 거실로 이동 후 불 앞에서 먹고 마시며 조용한 힐링의 시간을 보내는 것이지요.

주방은 요리를 하는 버너와 조리도구를 배치하고 식자재를 손질하는 공간입니다. 면적이 넓은 캠핑장이라면 두 구역을 나눠도 좋겠지만 그렇지 못한 경우에는 거실과 주방을 하나의 공간으로 세팅해야 합니다. 이 경우에는 화롯대가 조리대의 역할도 맡게 되는 것이지요. 역시 화롯대 중심으로 의자와 테이블을 기본적으로 놓고, 조리도구나 작은 물건들을 올려놓거나 걸어놓는 쉘프와 행어 등을 설치하여 동선을 최소화할 수 있도록 세팅합니다. 한 의자에서 요리도 하고 먹고 쉬는 것을 겸하는 것이지요.

체어

① 커밋체어 오크 블랙(Kermit Chair Oak Black)

이 의자는 원래 미국에서 모터사이클을 즐기는 사람들이 라이딩을 하면서 캠핑을 할 때도 편하게 가지고 다닐 수 있도록 만든 것입니다. 현재는 캠핑용으로 더 유명해졌지요. 커밋체어는 워낙 유사한 형태의 제품이 많이 생겨나서 승합차를 봉고차라고 통칭해서 부르는 것처럼 지금은 고유명사가 아닌 대명사처럼 쓰이고 있습니다.

튼튼한 천과 나무로 만든 커밋체어는 분해 조립이 가능해서 이동이 수월하고 디자인의 완성도도 흠잡을 곳이 없어서 저의 최애 의자입니다. 캠핑용 의자 중에서는 가장 널리 알려졌다고 생각합니다.

② 미니멀웍스 라이프체어 B(Minimalworks Lifechair B)

커밋체어와 유사한 형태이지만 나무가 아닌 알루미늄 프레임으로 만든 의자입니다. 그래서 조금 더 무겁지요. 역시 분해 조립이 가능해서 이동하기 편리하고, 색감이 다양하고 아름답습니다.

③ 캡틴스태그 CS 클래식 로우 스타일 체어 블랙
  (Captainstag CS Classic Low Style Chair Black)

바닥과 등판으로 나뉘어져 매우 간단하게 조립이 되며 로우 모드 캠핑할 때에 좋습니다.

오늘 하루 감성 캠핑

④ 콜맨 릴렉스 폴딩벤치 올리브(Coleman Relax Folding Bench Olive)

가지고 있는 유일한 2인용 체어입니다. 어린이도 할 수 있을 정도로 펼치기만 하면 되는 간단한 구조이며 강아지와 함께 앉기에도 좋고 가족 캠핑 시에도 유용하게 쓰입니다.

⑤ 클래식 론체어(Classic Lawn Chair)

알루미늄 프레임과 웨빙 끈으로 만들어져 가볍고 편합니다. 무엇보다 색감과 디자인이 매우 레트로해서 펼치기만 하면 분위기가 만들어집니다. 색상이 다양해서 개인적으로 컬렉션을 하고 싶어지는 체어입니다.

튼튼한데 가볍고 통풍이 잘 되어서 여름에 특히 사용하기 좋습니다.

테이블

① 배넉 빈티지 나바호 접이식 테이블

  (Bannock Vintage Navajo Foldable Table)

정교한 나무 조각을 하나씩 이어 붙인 테이블입니다. 정성이 많이 들어간 제품이지요. 장비라기보다는 작품처럼 느껴져서 사용할 때마다 기분이 좋습니다.

② 헬리녹스 솔리드탑 월넛 테이블(Helinox Solid Top Walnut Table), 헬리녹스 테이블 오 월넛(Helinox Table O Walnut)

헬리녹스 테이블 다리를 활용해서 상판만 체결하는 방식입니다. 매우 정교하게 만들어져서 구입한 지 수년이 지난 지금도 전혀 형태

의 변형이 없습니다. 미니멀한 아이디어가 넘치는 브랜드 제품답게 과학과 예술이 접목된 완성도가 매우 좋습니다.

③ 바움우드 원목 육각테이블(Baumwood Wood Hexagon Table)

6개의 상판과 6개의 다리를 이용해 세 가지 방식으로 변형이 가능한 재미있고 아름다운 테이블입니다. 저는 나무로 만든 물건을 매우 좋아하는데 이 브랜드는 나무에 대한 철학이 깊어서 만든 장비 하나하나마다 믿음이 갑니다.

④ DOD(도플갱어아웃도어) 데킬라 테이블(DOD Tequila Table)

튼튼한 철재와 나무로 만들어져 터프한 느낌이 강하고 원하는 형

오늘 하루 감성 캠핑

태로 변형이 가능해서 쓰임새가 좋습니다.

⑤ 프롤로그 우드 테이블(Prolog Wood Table)

캠핑장 뿐만 아니라 실내에서 사용해도 전혀 이질감이 없을 만큼 고급스러운 장비입니다. 캠핑 장비라기보다는 가정에서 사용하는 가구라는 생각이 들 정도입니다. 직접 사용해 보면 만든 사람이 얼마나 정성을 들였는지 금방 느낄 수 있는데, 다양한 액세서리를 사용하면 독특하면서도 편리함을 느낄 수 있도록 하는 테이블입니다.

화로대

미니멀웍스 불칸(Minimalworks Vulkan),

미니멀웍스 아이언 쉘프(Minimalworks Iron Shelf)

　도깨비눈과 불꽃을 상징화한 디자인이 매우 한국적이면서 아름답습니다. 3단으로 높이 조절이 가능하며 화력도 좋습니다. 무엇보다 세상 어디에도 없는 매우 독특한 디자인이 장점입니다. 불멍하기 너무나 좋은 화로대이며 아이언 쉘프와 조합하면 요리도 할 수 있는 최강의 제품입니다.

쉘프

① 미니멀웍스 모카쉘프(Minimalworks Mocha Shelf)

간단한 구조여서 설치가 쉽고 조형미가 뛰어나서 거의 매번 사용하는 장비입니다.

② 미니멀웍스 모카쉘프 미니(Minimalworks Mocha Shelf Mini)

모카쉘프의 축소판입니다. 메인 테이블 위에 올려 작은 소품들이 외롭지 않게 해 주는 매력적인 장비이며 상판에 원형의 분리형 커버가 있어서 커피 드리퍼를 거치할 수 있는 숨은 기능이 있습니다.

③ 배넉 빈티지 우드 쉘프(Bannock Vintage Wood Shelf)

나무 하나하나마다 장인정신을 불어 넣어 빈티지한 색으로 채색을 한 제품입니다. 같은 브랜드의 장비를 모아서 세팅하면 굉장히 빈티지한 분위기가 나지요. 구조도 간단해서 사용하기 좋습니다.

④ 바움우드 3단 월넛 우드쉘프(Baumwood 3-tier Walnut Wood Shelf)

나무와 금속의 조합이 얼마나 완벽한지를 보여줍니다. 디테일이 너무 좋아서 사용할 때마다 감탄하게 됩니다.

행어

① 미니멀웍스 인디언 행어(Minimalworks Indian Hanger)

처음 이 장비를 발견했을 때 얼마나 좋은 아이디어들이 모이고 정리되어 탄생한 것인지 감탄했던 기억이 있습니다. 삼각형의 심플한 구조인데 아주 작게 접히기 때문에 휴대가 용이하고 심지어 튼튼해서 아주 애용하는 장비입니다. 기본이 너무 좋아서 자신만의 장비를 만드는 것을 좋아하는 캠퍼들에겐 매우 맛있는 창작감이 됩니다.

② 바움우드 인디언행어 쉘프(Baumwood Indian Hanger Shelf)

뭐든지 꼼꼼하게 생각하고 만드는 브랜드에서 만든 정교한 행어입니다. 행어와 쉘프의 기능을 모두 충족시켜주고 거기에 아름다움까지 갖추고 있으니 정말 훌륭한 장비입니다. 전용 장비를 추가하면 TV를 거치할 수도 있습니다.

랜턴걸이

① 미니멀웍스 인디언 삼각대(Minimalworks Indian Tripod)

폴딩시 부피가 작고 가벼워서 캠핑에 최적화된 장비입니다. 랜턴걸이 뿐만 아니라 화로대를 사용할 때에 더치 오븐을 걸어서 사용할 수 있도록 체인이 들어 있기 때문에 화로대의 삼각대로도 사용이 가능합니다.

② 바움우드 월넛 삼각대(Baum Wood Walnut Tripod)

전체가 나무로 만들어진 삼각대이며 랜턴 걸이 뿐만 아니라 상단에 조그마한 장비 등을 올려놓을 수 있도록 디자인되어 있습니다. 나무로 만들어진 것이다 보니 따뜻한 감성이 잘 느껴집니다.

나만의 야외극장

저는 영화 보는 것을 좋아합니다. 그래서 시간이 나면 영화를 보고, 영화를 보다 보니 직접 만들고 싶은 마음이 들어서 캠핑 영상을 유튜브 채널에 올리고 있지요. '영상이 영화 같다'는 댓글이 달리면 기분이 매우 좋습니다.

캠핑장에서도 영화를 자주 봅니다. 해질녘 분위기에 취해 맛있는 저녁을 먹고 나면 어느새 발밑에는 조용한 밤이 다가오지요. 간단한 먹을거리를 차리고 준비해 온 영화를 틉니다. 사방이 어두운 밤이기 때문에 어두운 극장 안에 앉아서 보는 기분을 느낄 수 있지요. 하지만 답답한 실내가 아닌 사방이 탁 트인 자연 속에서 영화를 보는 것은 새로운 즐거움을 느낄 수 있습니다.

준비해온 편안한 안락의자에 느슨하게 앉아 영화를 감상하면 '좋은 것을 모으면 행복이 커진다'는 원칙이 들어맞는 순간입니다. 좋아하는 음료와 먹을거리, 가을 저녁의 조금 쌀쌀한 날씨, 화롯대에서 타닥타닥 타고 있는 모닥불까지! 내가 만든 야외극장에서, 감상하는 시기의 자연환경과 비슷한 영화를 보게 된다면 극장에서 보는 것보다 더 영화에 몰입할 수 있게 되지요.

미니멀하게 노트북으로 영화를 봐도 좋고, 작은 모니터를 스탠드에 올려서 봐도 좋습니다. 미니 프로젝터와 스크린을 설치해서 큰 화면으로 영화를 감상하는 방법도 있지요. 다만 옆 사이트에도 사람이 있다면 소리와 불빛이 방해되는 것은 아닌지 확인하는 것이 필요하겠죠?

① 휴대용 미니 프로젝터 : 소니 MP-CL1A

주머니에 들어갈 정도로 작아서 휴대하기 좋습니다. 노트북에 영화를 담아 HDMI 케이블로 연결하거나 휴대폰 미러링 기능으로 영화를 즐길 수 있습니다. 하지만 매우 작아서 자칫 넘어질 위험이 있

오늘 하루 감성 캠핑

으니 삼각대에 올려서 사용하는 것이 좋습니다.

　② 휴대용 스크린 : 윤씨네 크로스텐션 스크린

　둘둘 말린 형태로 파우치에 들어가기 때문에 캠핑장에 가져가기 좋습니다. 텐트의 폴대처럼 네 개의 지지대로 스크린 꼭짓점 네 곳에 힘이 가해지도록 고정해서 설치하는 방식이라 스크린에 주름이 지지 않아서 좋습니다. 또한 삼각대와 연결할 수 있게 되어 있어서 높이 조절이나 이동이 편리하다는 장점도 있지요.

　③ 휴대용 모니터 : LG 룸앤 TV

　캠핑용 모니터로 인기가 많은 제품입니다. USB에 영화를 담아와서 보거나, 캠핑장의 와이파이를 연결해서 영상을 볼 수도 있지요. 또, 음악을 듣거나 TV를 볼 수도 있어서 매력이 많은 제품입니다. 워낙 캠핑용으로 인기가 많다 보니 장비 만드는 업체에서 전용 스탠드를 만들어 팔기도 합니다. 게다가 적당한 크기에 전용 파우치도 있어서 휴대성도 좋습니다.

추울수록 따뜻한
겨울 캠핑

우리나라는 사계절을 가지고 있습니다. 게다가 계절마다 모두 다른 매력이 있기 때문에 캠핑을 일 년 내내 즐길 수 있지요. 사람들은 겨울에는 캠핑하기 힘들다고 생각하지만 겨울에만 즐길 수 있는 좋은 점들이 한가득 입니다!

사실 저는 추운 것을 무척 싫어합니다. 괴로워할 정도이지요. 저처럼 추운 것을 싫어하는 사람이 많다 보니 겨울에는 캠핑장도 한산합니다. 사람이 들끓어서 잠도 제대로 잘 수 없던 여름에 비하면 '여기가 정말 천국인가…!' 하는 생각이 듭니다.

게다가 더위를 많이 타는 분이라면 겨울이야말로 캠핑하기 가장 좋은 계절이지요! 겨울에는 땀이 나지 않고 벌레 물릴 걱정도 없습니다. 그러니 캠핑하는 내내 쾌적함을 느낄 수 있지요. 추위는 장비로 충

분히 해결할 수 있습니다. 덥지 않다는 것, 그래서 땀이 나지 않는다는 것은 몸을 많이 사용하는 캠핑을 즐기기에 매우 좋은 장점입니다.

추운 온도 때문에 식재료 관리도 쉽습니다. 시원하게 즐겨야 하는 음료들은 텐트 바깥에 두기만 하면 되니까요. 공기의 온도를 내리는 작업을 하는 것보다 높이는 것이 더 쉽다는 것, 모르셨죠?

또한, 여름에는 비가 오지만 겨울에는 눈이 내립니다! 도심에 눈이 와도 온 세상은 아름답게 변해 모두들 카톡을 보내고 사진을 찍고 하지요. 자연 속에서 맞는 눈은 아름다움을 넘어서 환상적이기까지 합니다. 저는 뉴스에서 폭설주의보를 접하게 되면 '교통이 마비되어서 불편하겠네…'라는 생각도 들지만 한편으로는 '어서 캠핑을 가야겠어!'라고 생각합니다.

게다가 눈은 비와 달리 텐트를 적시지 않습니다. 잘 털어내면 끝입니다. 그러니 캠핑 후 장비 관리하는 것도 여름철보다 훨씬 더 쉽습니다.

조용한 산속에 함박눈이 내릴 때에는 눈이 내리는 소리를 들을 수 있습니다. 쌓인 눈이 소리를 흡수하기 때문에 주위는 평소보다 더 조용해져서 천천히 내리는 눈이 소복소복 쌓이는 소리가 실제로 들리는 것입니다. 소음 가득한 도시에서는 절대로 들을 수 없는 자연의 소리이지요! 햇빛에 반짝이는 눈을 상상해 보세요. 눈만 돌리면 온 세상이 하얗게 변한 모습을 보는 것만으로도 힐링이 됩니다.

물론 겨울이라고 해서 캠핑을 갈 때마다 눈을 만날 수 있는 것은 아니지요. 하지만 그밖에도 동계 캠핑에서만 느낄 수 있는 매력이 있습니다. 텐트 안에 설치한 난로와 램프들이 만들어내는 따스함 때문에 실제 바깥의 기온이 내려갈수록 감성 온도가 높아진다는 것은 낭만 지수를 한껏 끌어올려주니까요!

겨울에는 계곡이나 호수의 물이 얼기 때문에 얼음 위를 걷는 경험을 해볼 수 있습니다. 물론 호수처럼 깊은 곳은 얼음이 아주 두껍게 얼어야 하지만 얕은 계곡은 살얼음 위를 걸어도 괜찮아서 아이들이 무척 재미있어합니다. 언제 깨질지 모를 얼음 위를 한 발짝씩 조심스럽게 걷는 것은 정말 스릴이 넘치지요.

눈 위를 달리는 눈썰매도 즐길 수 있고, 빙어 낚시도 할 수 있습니다. 가족 캠핑장을 운영하는 곳은 눈썰매장을 동시에 운영하는 곳도 많이 있지요. 아이들과 한 번이라도 가보신 분은 잘 아실 거예요. 아이들은 정말 하루 종일 눈썰매를 탑니다. 그렇게 신나게 놀다가 다

오늘 하루 감성 캠핑

시 텐트로 돌아와 따끈한 어묵탕 한 접시면 "최고!"라는 소리가 절로 나오지요.

추운 건 싫어

뜨거운 한낮의 해도 힘을 버리고 일교차가 적은 계절이 지속되다 보면 어김없이 가을비가 내립니다. 이때 내리는 비와 바람은 아름다운 색으로 물든 단풍을 시기라도 하듯 모두 떨어지게 만들죠. 그리고 곧 무서운 추위가 시작됩니다. 어제는 가을이었는데 오늘은 겨울인 느낌이랄까요? 정말 하루아침에 기온이 뚝 떨어집니다.

계절이 바뀌는 것이 느껴지면 이제는 본격적으로 동계 캠핑 장비를 꺼냅니다. 노지 캠핑을 떠나기 전에 화장실을 가장 먼저 준비하고는 하는데 동계 캠핑을 떠나기 전에는 추위를 이겨낼 난방 장치들을 가장 먼저 꺼내서 쓸고 닦고 하는 것이지요.

겨울에 태어난 저는 눈 내리는 겨울철 캠핑을 좋아합니다. 하지만 추위는 정말 싫어하지요. 그렇기 때문에 저는 추위를 타지 않도록 정말 최선을 다합니다. 감성 캠핑도 좋지만 몸을 덜덜 떨 정도의 추위를 느낀다면 감성을 즐길 여유조차 없게 되니까 말이지요. 겨울에는 아무래도 텐트 안에서 보내는 시간이 많습니다. 그렇기에 텐트 내부의 온도를 높이는 난방장비가 필수입니다.

온도를 높이는 감성 장비

날씨가 추운 겨울에는 옷만으로 추위를 이겨낼 수는 없기 때문에 난방 장비의 도움이 필수입니다. 실외에서는 타닥타닥 타오르는 모닥불이 있기 때문에 추위를 이겨낼 수 있지만 텐트 안에서는 모닥불을 피울 수도 없고, 잠시 머무는 것이 아니라 잠도 자야 하기 때문에 안전하게 실내 온도를 높이는 것이 매우 중요합니다. 하지만 감성 캠핑에서는 실제 온도만 높이는 것에 집중하는 것이 아니라 감성 온도까지 높일 수 있는 방법을 찾는다면 더 좋겠지요!

오늘 하루 감성 캠핑

난로

난로는 크게 등유 난로와 화목 난로로 나뉩니다. 그리고 화목 난로의 단점을 보완한 펠릿이라는 제품도 등장했지요. 등유 난로나 화목 난로 모두 온도를 높이면서 감성까지 느끼게 해주는 아주 좋은 난방 장비입니다.

① 등유 난로: 파세코PKH-6400(Paseco PKH-6400)

특유의 기름 냄새가 조금 나긴 합니다만 그 기름 냄새가 어릴 적 향수를 자극하기도 하지요. 또 난로 상단에 주전자를 올려놓으면 물이 끓으며 수증기가 나오는데 그 모습이 마음을 차분하게 해주는 감성적인 무드를 만들어 주기도 합니다. 더불어 가습효과까지 있어서 감성 캠핑을 하는 데에 매우 좋은 난방 장비이지요. 특히 전기가 필요 없기 때문에 노지에서 캠핑을 할 때에도 걱정이 없고 조금 용량이 큰 난로를 구입하면 다음날 아침까지도 열기가 지속되기 때문에 노지 캠핑을 좋아하는 분이라면 필수 장비입니다.

하지만 아무리 좋은 최신형 난로라고 해도 앞서 말한 기름 냄새가 날 수밖에 없습니다. 그렇기 때문에 그런 냄새를 싫어하는 분이라면 등유 난로는 고민이 좀 필요합니다. 그리고 열기가 위쪽으로 집중해서 올라가기 때문에 텐트 내부의 온도를 고르게 올리려면 텐트 상단으로 올라오는 열기를 다시 아래쪽으로 보내주는 서큘레이터를 함께 사용해야 합니다. 서큘레이터를 병행할 때와 안할 때의 차이는 매우 큽니다. 특히 뜨거운 공기는 위쪽으로 가기 때문에 생활할 때는 몰라도 잠에 들게 되면 난로를 계속 켜 두어도 춥다고 느낄 수 있습니다.

오늘 하루 감성 캠핑

등유 난로는 평평한 곳에 난로를 설치한 후 기름을 가득 채워 심지의 높낮이를 조절하는 레버를 돌려줍니다. 심지를 최대한 올리고 난 후 기름이 스며들 때까지 기다려야 합니다. 하지만 심지만 쳐다보고 있을 수는 없으니 캠핑장에 도착하자마자 가장 먼저 하면 다른 일을 하는 동안 기름이 스며들기 때문에 좋습니다.

건전지를 사용해서 점화하는 방식의 제품도 있습니다. 버튼을 꾹 누르고 있으면 삐 하는 소리가 지속되며 천천히 불이 붙습니다. 심지 덮개를 올리지 않고 점화하는 방식이라 편리하기는 하지만 시간이 좀 걸리기도 하고 직접 불을 붙이며 느낄 수 있는 옛날 감성을 느낄 수 없어서 아쉽지요.

직접 불을 붙이는 방법은, 난로 옆에 있는 작은 창을 열고 심지 위를 덮고 있는 원통형의 덮개를 살짝 든 후 성냥이나 토치를 이용해서 불을 붙이는 것입니다. 둥그런 심지에 모두 불이 붙은 것을 확인하고 원통형 덮개를 잘 덮어주면 됩니다. 이때 덮개를 홈에 맞게 잘 덮어두지 않으면 그을음이 발생하게 되니 불을 붙인 후에도 잘 살펴봐야 합니다. 그 후에는 불꽃의 크기를 조절하는 심지 레버를 돌려서 원하는 만큼 낮춰주면 되는데 처음에는 등유가 타는 냄새가 나기 때문에 환기를 충분히 해 주어야 합니다. 등유 난로는 난방을 위해서 불을 피우는 것이지만 라면을 끓이는 정도의 요리는 가능합니다. 다만 화목 난로보다는 열이 약해서 센 불이 필요한 요리에는 적합하지 않지요.

등유 난로 중에는 반사판을 이용해서 열을 위쪽뿐만 아니라 앞쪽으로도 전달하는 반사식 등유 난로도 있습니다. 반사식 등유 난로는 높이가 낮은 곳이나 한 방향으로 열을 보내고 싶을 때 사용하지요.

② 화목 난로: 지스토브(G Stove) + 디와이 스토브(DY Stove)

화목 난로는 우리가 흔히 알고 있는 벽난로와 같다고 생각하면 됩니다. 전원주택 거실에 인테리어 겸용으로 많이 설치되어 있지요. 장작을 사용해서 불을 만드는 것이기 때문에 등유 난로보다 불꽃의 크기 자체가 커서 열이 더 강합니다. 그래서 난방의 기능을 충분히 할 수 있고, 열이 강하기 때문에 난로 위에 팬을 올려 요리를 할 수도 있습니다.

한파주의보가 발효될 정도로 기온이 많이 떨어진 날에는 야외에서 아무리 불을 세게 피워도 추위 때문에 불 앞에 오래 있을 수가 없습니다. 결국에는 텐트 안으로 들어가야 하는데 밤시간에 하지 않으면 섭섭한 불멍을 할 수 없다는 아쉬움이 생길 수밖에 없지요. 이럴 때 화목 난로가 있다면 실내에서도 불멍을 즐길 수 있다는 장점이 있습니다.

게다가 등유 난로는 기름 타는 냄새가 나지만 화목 난로는 장작이 타는 냄새가 납니다. 타닥타닥 나무 타는 소리도 정겹지요. 개인적으로는 눈이 펑펑 내리는 추운 겨울, 따뜻한 난로 앞에 앉아 불빛을 보며 장작 타는 냄새를 맡으며 보내는 시간은 사계절 캠핑 중에 최고라고 생각합니다.

하지만 화목 난로에도 단점이 있습니다. 지속시간이 짧다는 것이지요. 아무리 큰 화목 난로라 하더라도 장작을 가득 채운 후 불을 붙여도 지속시간이 한 시간이 채 되지 않습니다. 나무를 계속 넣어 주

오늘 하루 감성 캠핑

어야 하는데 잠을 잘 때에는 불가능하지요. 그렇기 때문에 화목 난로는 지속적인 난방 역할을 해 주기보다는 겨울이 아닐 때에 밖에서 즐기는 화롯대의 역할과 같다고 볼 수 있습니다. 야외에서 화롯대에 불을 지핀 후 음식을 하거나 불멍을 하는 것을 실내에서 가능하게 해 주는 역할인 것이지요. 그러니 잠을 잘 때에는 다른 난방 장치를 사용해야 합니다.

캠핑을 하는 사람이라면 누구나 화목 난로에 대한 로망이 있을 거라고 생각합니다. 저는 2년 정도 화목 난로 없이 동계 캠핑을 하다가 '기왕 살 것이라면 중복투자 하지 말고 가장 좋은 것으로 사자!'라는 생각으로 지스토브 제품을 구매했습니다. 본체의 가격만 60만 원대이고 높이가 높은 TP텐트에 맞게 연통을 추가로 구입하고 긴 다리까지 사고 나니 백 만원이 훌쩍 넘어가더군요. 하지만 그만큼 튼튼하고 감성적인 디자인이 아름다워서 매우 만족하며 사용하고 있습니다. 또한 요리를 하기 위한 액세서리가 다양해서 유용하게 사용 중입니다. 하지만 불을 볼 수 있는 창이 작은 편이어서 불멍을 하기엔 조금 부족하다는 단점은 있습니다!

디와이 스토브는 펠릿도 사용할 수 있는 하이브리드 화목 난로입니다. 장작으로 순간적인 고화력을 만들어 요리가 가능하고 잠을 잘 때에는 대용량 펠릿을 연결하면 난방까지 해결할 수 있지요.

③ 펠릿 난로: 디와이 파티오 히터 펠릿 난로 스토브
(DY Patio Heater Pellet Stove)

화목 난로의 단점을 보완하기 위해 탄생한 제품입니다. 나무를 잘게 잘라 첨가물을 섞은 후 일정한 크기로 재가공해서 만든 것이지요. 나무장작보다 크기가 작아서 불이 빨리 붙기 때문에 불 피우기도 훨씬 수월합니다. 화목 난로는 장작을 넣어줄 때에 난로 뚜껑을 열어야 하지만 펠릿은 그러지 않아도 되기 때문에 훨씬 안전하기도 하지요. 그리고 장작보다 연소시간이 길다는 장점도 있습니다. 대용량 공급 장치를 추가로 설치하면 10시간 이상 불을 피울 수 있습니다. 자기 전에 펠릿을 가득 채워 두면 아침까지 실내 기온을 충분히 따뜻하게 유지할 수 있어서 전기가 없는 환경에서도 난방이 가능합니다. 펠릿 역시 요리와 불멍이 가능하기 때문에 점점 많은 사람이 선호하고 있는 제품입니다.

제가 사용하고 있는 펠릿 난로는 디와이 파티오 히터인데 난방과 불멍에 최적인 제품입니다. 긴 유리관을 따라 솟구치는 불꽃은 아무리 봐도 질리지가 않지요. 국내 브랜드 제품인데 해외에서 더 유명한 난로여서 앞으로가 더 기대됩니다!

④ 팬히터: 파세코 PFH-5KN(Paseco PFH-5KN)

팬히터는 전기로 작동하는 장비이기 때문에 노지에서 사용하기에는 적합하지 않습니다. 물론 대용량 파워뱅크를 준비하면 되지만 그렇게까지 하기에는 대용량 파워뱅크가 워낙 고가이기도 하고 덩치가 무척 크기 때문에 효율적이지 못합니다.

팬히터는 크기에 비해 난방 성능이 좋아서 연비도 훌륭하지요. 특히 열을 바람으로 쐬주기 때문에 별도의 서큘레이터가 필요 없고 텐트 안에 설치할 때에 구석의 죽은 공간에 설치해도 열이 골고루 퍼지기 때문에 공간을 더 넓게 사용할 수 있습니다. 또한 열이 나오는 입구가 다른 난로보다 심하게 뜨겁지 않아서 아이들과 함께 캠핑할 때에 훨씬 안전합니다.

하지만 뜨거운 바람이 지속적으로 나오기 때문에 건조한 계절에는 실내 공기를 특히 더 건조하게 만든다는 단점이 있습니다. 그래서 습도를 유지하기 위해 가습기를 함께 사용하는 것이 좋습니다. 또한 팬히터로는 불멍을 할 수가 없고 히터에서 나오는 열로 요리를 할 수도 없지요. 그렇기 때문에 감성 캠핑과는 조금 거리가 있는 장비라고 할 수도 있습니다.

제가 사용하는 팬히터는 기름 탱크가 7L인 파세코 제품입니다. 한 번 주유하면 밤새 따뜻하게 보낼 수 있을 만큼 연비가 좋아서 겨울에는 거의 항상 가지고 다닙니다.

⑤ 전기히터: 플러스마이너스제로 리플렉트 에코 히터 REH-400
(Plus Minus Zero Reflect Eco Heater REH-400)

전기히터 역시 팬히터처럼 전기가 없는 곳에서는 사용이 힘든 장비입니다. 게다가 현재 캠핑장에서 1인에게 허용하는 전기의 총 양은 600W이기 때문에 강력한 전기 히터는 사용할 수가 없지요. 하지만 여러 제약에도 불구하고 전기히터 하나쯤은 가지고 있는 것이 좋습니다. 그리 강력한 열을 만들지는 못하더라도 일교차가 큰 계절에는 매우 유용합니다. 한낮에는 그늘을 찾기도 하지만 해가 지면 갑자기 추워지는 날씨에 아주 적합합니다. 게다가 이런 날씨에 텐트 안에서 난방 장치 없이 잠이 들게 되면 추워서 자다 깨는 것을 반복하게

되기 때문에 전기히터가 하나 있으면 그래도 따뜻하게 잠을 잘 수 있습니다. 대부분 타이머 기능이 있기 때문에 원하는 시간을 예약해 놓으면 되는 편리한 제품입니다.

제가 사용하는 히터는 캠핑장 허용치인 600W 미만의 전력을 사용하며 회전과 타이머 기능이 있고 무엇보다 심플한 디자인이 감성적인 느낌인 제품입니다.

⑥ 그 외의 난방 장비

-전기요 : 찬바람이 불기 시작하면 어느 곳이든 바닥에서 냉기가 올라오는 것을 느낄 수 있습니다. 냉기는 아래쪽에 모이니 찬 기운이 쌓이면서 올라오는 개념이겠지요. 여름에는 그나마 견디기 괜찮지만 겨울이 되면 공기뿐만 아니라 바닥을 따뜻하게 해 주는 것이 정말 중요합니다.

전기요는 전기를 많이 사용하지 않으면서도 누울 자리를 따뜻하게 해 주기 때문에 겨울에는 항상 가지고 다니는 제품입니다.

-물주머니 : 일본어인 유단포라고도 많이 불리는 제품인데, 주머니에 뜨거운 물을 넣은 후 보드라운 보호 커버를 씌워서 열기를 느끼는 형식의 장비입니다. 전기가 없거나 연료가 부족할 때에 유용하게 사용이 가능하지만 저온 화상의 위험도 있어서 조심해야 합니다.

저는 겨울철 노지에서 캠핑할 때에 많이 사용하는데 따뜻한 기운이 심리적으로 안정감을 주는 장비입니다.

-손난로 : 기름을 넣어 불을 붙인 후 물주머니처럼 보드라운 주머니로 감싸서 사용하는 장비입니다. 크기는 작지만 열기가 12시간 정도 지속되기 때문에 겨울철 야외활동을 많이 하게 되는 경우 사용하면 매우 유용합니다.

최적의 세팅과 최고로 중요한 규칙

극동계 캠핑을 즐기는 분들은 극동계용 침낭이 필수이지만 저는 백패킹을 하지 않기 때문에 극동계용 침낭은 없고 봄가을용 침낭으로 사계절을 사용하고 있습니다.

피크니캠프의 겨울 난방 기본 세팅은 팬히터를 기본적으로 설치해서 온도를 안정적으로 유지하고, 감성을 돋우는 화목 난로를 추가로 설치하는 것입니다. 그리고 잠을 잘 때에는 전기요 위에 침낭을 깔고 잠을 자는 것이지요. 이렇게 하면 아무리 추워도 텐트 안에서만큼은 따뜻하게 캠핑을 즐길 수 있습니다. 물론 이 방법은 전기를 필요로 하는 팬히터와 전기요가 꼭 있어야 하기 때문에 노지 캠핑을 할 때에는 맞지 않습니다. 그래서 대부분 겨울에는 노지 캠핑을 잘 하지 않기도 하지요.

그리고 겨울 캠핑을 할 때에는 어느 것보다도 가장 중요한 규칙이 있습니다. 이 규칙을 지키지 않아서 매년 고귀한 목숨을 잃는 사건이 끊이지 않고 발생합니다. 바로 밀폐된 텐트 안에서는 불을 피우면 안 된다는 것입니다.

저처럼 캠핑을 자주 즐기는 분들은 그래도 안전규칙이 몸에 배어 있기 때문에 절대로 텐트가 밀폐되지 않도록 주의하지만 큰마음 먹고 캠핑을 나오신 캠핑 초보뿐만 아니라 캠핑에 숙련된 분들도 간혹 마음이 들뜨거나 술에 취해 안전에는 느슨해지고, 결국 평소에는 하지 않을 실수를 하는 것 같다는 생각이 듭니다.

추운 겨울, 텐트 안에 난로를 피우는 것은 산소를 태워서 열을 발생시키는 것인데 그런 난방장치는 모두 다 위험하다고 생각하면 됩니다. 그래서 저는 동계 캠핑을 할 때에는 외부와 공기를 완벽하게 차단할 수 있는 밀폐형 텐트보다 벽만 있고 바닥은 없는 형태의 텐트를 주로 사용합니다.

흔히 인디언텐트라고 많이 부르는 TP텐트는 아주 오래전부터 존재해온 형태입니다. 텐트 가운데에 하나의 높은 기둥을 세우면 원뿔 모양이 만들어지는데 물론 크기별로 나뉘기는 하지만 대부분 최대 높이가 2미터 이상 되기 때문에 텐트 안에서 허리를 숙이지 않아도 됩니다. 텐트 아래쪽은 넓고 위는 좁아지는 구조여서 죽은 공간이 생기게 되지만 조형적인 아름다움이 주는 감성 덕분에 그런 것은 문제가 되지 않습니다.

일산화탄소와 냉기는 바닥으로 깔리기 때문에 겨울철에는 대부분 야전침대를 활용한 입식으로 캠핑을 즐깁니다. TP텐트는 바람이 들어오는 것을 막기 위해 텐트 아래쪽에 치마처럼 생긴 스커트가 있기는 하지만 그래도 바닥이 없는 텐트는 틈이 생길 수밖에 없고, 그 틈으로 공기가 순환되기 때문에 지퍼를 닫으면 완전히 밀폐되는 형태의 다른 텐트보다는 여러모로 안전합니다.

오늘 하루 감성 캠핑

또한 겨울에는 작은 텐트 안에 전기히터를 켜놓고 자면서 침낭이나 옷가지에 불이 붙어 화재가 발생하는 경우도 있습니다. 조금만 더 생각하면 충분히 예방할 수 있는 부분인데 매년 비슷한 사고가 발생해서 너무 안타깝습니다.

캠핑을 즐기는 분이 점점 늘어나면서 사고도 더 많아지는 것 같습니다. 캠핑 초보든 아니든 사계절 내내 공기가 늘 순환되도록 늘 신경 쓰고, 일산화탄소 경보기를 필수로 가지고 다니는 것이 도움이 될 것입니다.

다음은 제가 겨울철에 자주 사용하는 TP텐트 종류입니다.

① 로벤스 키오와(Robens KIOWA)

제가 가지고 있는 텐트 중에 가장 크기가 크고 무겁습니다. 클래식한 디자인이 마음에 들었고 출입구가 따로 돌출되어 있어서 공간 활용하기에 좋습니다. 또한 바닥이 분리가 되기 때문에 입식과 좌식이 모두 가능하고 꼭대기에는 연통을 설치할 수 있도록 되어 있어서 화목 난로를 설치할 때도 좋습니다.

유일한 단점은 부피입니다. 텐트 자체도 엄청 크고 좌식 모드일 때 바닥에 설치하는 전용 매트리스까지 있어서 텐트 장비만으로도 거의 트렁크가 가득 차기 때문에 이 텐트로 가족 캠핑을 할 때는 차 한 대로 움직이는 것이 불가능할 정도입니다.

그래도 넓은 실내 공간을 갖고 있고 양쪽에 창이 있어서 동계에 실내에서 생활하기에는 최고의 텐트입니다.

오늘 하루 감성 캠핑

② 텐트마크디자인 써커스TC BIG(Tentmark Design CircusTC BIG)

TP텐트는 기본적으로 원뿔 형태이긴 하지만 엄밀히 말하면 원뿔은 아니고 여러 개의 면을 이어서 원에 가까운 형태를 만드는 것입니다. 그래서 나눈 면이 많으면 많을수록 원에 가까워지고 그만큼 이어붙이는 공정이 추가되기 때문에 가격은 높아지고 죽는 공간은 줄어듭니다.

5각, 8각, 12각, 15각 등이 있는데 이 제품은 5각짜리 텐트입니다. 그래서 가격 접근성은 상대적으로 좋지만 대신 죽은 공간이 많이 발생합니다. 그래서 해결 방법으로 중간 즈음에 스트링을 다는 것인데 이것은 약간 굽은 형태를 만들기는 하지만 공간은 넓히는 방법이라서 용서가 됩니다.

팩을 5개만 박으면 되기 때문에 설치가 매우 쉽고, 양쪽으로 출입구를 만들 수가 있어서 겨울철뿐만 아니라 여름철에도 사용이 가능합니다. 원래 바닥이 없는 텐트여서 부피도 적당하고 개방된 출입구로 난로 설치도 쉬워서 겨울철 솔로 캠핑을 할 때에 가장 많이 사용하고 있습니다.

③ 노르디스크 알페임 12.6(Nordisk Alphame 12.6)

노르디스크 이든5.5 텐트에 이어서 두 번째로 구입한 텐트입니다. 이 텐트의 최대 장점은 예쁘다는 것입니다. 어느 곳에 설치해도 그냥 그림이 됩니다. 이든 텐트와 마찬가지로 아이보리 톤의 색감이 매우 따뜻하고 감성적입니다. 이든 텐트보다 설치도 쉬워서 자주 사용하고 있습니다.

바닥을 추가로 구입하면 좌식으로도 사용이 가능해서 텐트 실내를 감성적으로 꾸미기에도 좋습니다. 하지만 출입구가 하나뿐이어서 겨울철에 사용할 때에는 난로 연통을 설치하기 위해 텐트에 구멍을 뚫는 작업을 추가해야 한다는 단점이 있습니다. 아름다운 텐트에 구멍을 뚫는 게 영 마음이 가지를 않아서 저는 그냥 겨울철에는 팬히터나 등유 난로로 난방을 합니다. 화목 난로 없어도 따뜻한 색감 때문에 감성이 죽지 않지요.

두 가지 크기가 있는데 제가 가지고 있는 것은 솔로 캠핑할 때에 적당해서 2인 이상이 사용하려면 더 큰 제품을 구입하는 것을 추천합니다.

텐트가 아닌 쉘터라고 불리는 장비가 있습니다. 직역하면 대피소라는 뜻인데 전문 산악인들이 히말라야 같은 곳을 등정할 때에 악천후를 만나면 임시로 대피하는 용도로 사용한 것에서 비롯된 개념의 장비입니다.

쉘터는 주로 바닥이 없는 형태가 많고 실내 공간을 넓게 활용하기 위해 돔 형태의 디자인이 주를 이룹니다. 전문 산악인용은 악천후를 이겨내야 하기 때문에 매우 튼튼하게 만들어서 굉장히 고가입니다. 하지만 그렇게 고가의 장비가 일반적인 캠핑 상황에서는 맞지 않기 때문에 저는 적당한 실내 공간과 감성적인 디자인을 보고 선택했습니다.

어떤 제품은 바닥을 체결해 좌식모드로 전환이 가능해서 쉘터 만으로도 동계 캠핑을 즐길 수 있고, 바닥이 없이 이너텐트만 따로 설

치할 수도 있어서 바닥이 일체형인 일반 텐트보다 다양하게 사용할
수 있다는 장점이 있습니다.

① 미니멀웍스 잭쉘터 미니(Minimalworks Jack Shelter Mini)

쉘터는 등산 시 대피소 개념에서 출발했기 때문에 이 제품은 등산
할 때 사용하는 등산 폴대를 활용해 설치가 가능하다는 특징이 있습니
다. 두 명의 산악인이 4개의 등산폴대를 가지고 등산을 하다가 텐트 치
기 적당한 곳에 설치하는 것이지요. 하지만 꼭 등산폴대가 아니어도 전
용 폴대를 판매하기 때문에 캠핑할 때에 설치해도 문제없습니다.

큰 사이즈도 있지만 저는 솔로 캠핑용으로 사용할 목적으로 미니
사이즈를 구입했습니다. 쉘터뿐만 아니라 이너텐트도 추가로 설치가
가능해서 다양하게 활용할 수 있지요.

부피가 작아서 모토 캠핑용으로도 좋고, 사격형 박스 구조가 매
우 독특하고, 화이트 톤이 아름답다는 느낌까지 주는 제품입니다.

② 미니멀웍스 글래머쉘터(Minimalworks glamour shelter)

그늘막 텐트로 많이 사용하는 쉘터입니다. 설치가 간편하고 색상
도 다양해서 굳이 캠핑을 즐기지 않는 사람도 피크닉용으로 많이 사
용하는 인기 있는 제품입니다.

앞쪽에 추가의 문을 설치할 수 있어서 텐트로도 활용이 가능합니
다. TP텐트와 달리 가운데 기둥이 없는 반원 구조여서 실내 공간도
넓고 특히 비나 눈이 올 때 투명 우레탄창을 설치하면 텐트 안에서
안락하게 바깥 풍경을 감상할 수 있어서 좋습니다.

③ 코베아 고스트쉘터(Kovea Ghostshelter)

설치가 간편하고 완벽하게 자립이 되기 때문에 어느 곳에나 설치할 수 있습니다. 특히 창이 많아서 개방감이 월등합니다. 실내도 아주 넓어서 여유로운 실내 캠핑이 가능합니다. 중간 톤의 색감도 아주 마음에 듭니다. 다만 반원 형태이기 때문에 문을 개방할 수 없어서 비가 올 때에는 타프를 추가로 설치하는 것이 좋습니다.

3부

이
렇
게
도

감
성

캠
핑
!

노지에서
캠핑을

'집이 아닌 곳에 텐트를 치고 야영을 한다'라는 캠핑의 개념을 보면 그 종류는 참 다양하다고 할 수 있습니다. 캠핑이라는 단어 앞에 적절한 상황만 붙이면 전부 말이 됩니다. 심지어 코로나 때문에 밖에 나가지 못하는 시기에는 집에서 하는 홈캠핑도 각광을 받고 있으니까요.

저는 그 중에서도 가장 특별한 캠핑이 노지 캠핑이라고 생각합니다. 전문가의 관리 하에 불과 물 사용이 자유로운 캠핑장이 아닌 야생에서 하는 캠핑을 노지 캠핑이라고 하는데 말만 들어도 고생길이 훤하지 않나요?

편리한 캠핑장을 놔두고 노지 캠핑을 하는 가장 큰 이유는 '자유'라고 생각합니다. 내가 원하는 곳에 사이트를 구축하고 원하는 시간

오늘 하루 감성 캠핑

만큼 머물면 됩니다. 아무도 간섭하지 않습니다.

어차피 캠핑 자체가 편리함과는 거리가 있는 취미이고 더더욱 노지에서의 캠핑은 무無에서 유有를 창조해내는 것이기에 자신에 대한 만족감이 큽니다. 전기도 없고 개수대도 없으며 기본인 화장실조차 없기 때문에 캠핑장에서 하는 것보다 더 많은 준비를 해야 합니다. 하지만 그만큼 철저하게 준비하면 완벽한 자유를 만끽할 수 있습니다.

시작은 화장실부터

노지 캠핑을 할 때 가장 걱정되는 부분이 바로 화장실입니다. 사람의 흔적이 없는 곳에서 캠핑을 하는 것이기 때문에 무엇보다 화장실 문제를 먼저 해결해야 하지요.

① 휴대용 변기 : 작게 접을 수 있어서 휴대가 간편한 접는 변기도 있고 의자처럼 생겨서 앉기에 편한 변기도 있습니다. 제 딸들은 화장실이 있는 캠핑장에 갈 때에도 자기들만의 화장실이 있는 것을 좋아해서 저는 크고 안정적인 휴대용 변기를 구입해서 사용 중입니다. 부피가 크다는 게 단점이기는 하지만 사용 시 매우 안정감이 있고 쾌적해서 잘 쓰고 있습니다.

② 간이 화장실 : 변기를 준비했다면 이제는 간이 화장실을 만들어야 하겠지요. 변기만 있다고 야외에서 중요한 일을 볼 수는 없으니까

요. 보통은 1평도 안 되는 크기의 작은 텐트를 따로 준비합니다. 낚시
하는 분들이 1인용으로 가지고 다니는 낚시 텐트 혹은 샤워 텐트라
고 불리는 작은 팝업 텐트인데 접었을 때 부피가 조금 있기는 하지만
설치가 간편해서 다른 대안은 생각해 보지 않았습니다.

　이렇게 1인용 텐트 안에 휴대용 변기를 놓으면 간이 화장실이 완
성됩니다. 변기가 놓인 작은 텐트 화장실! 이 작은 화장실이 노지에
서 얼마나 큰 심리적 안정감을 주는지는 써 보지 않으면 모를 겁니
다. 강가처럼 시야가 훤히 노출되는 곳이 아니라면 사실 텐트까지 칠
필요는 없을 수도 있지만, 마음 편안하게 비워내기 위해서는 텐트까
지 준비하는 것을 추천합니다!

　　　　　　　　　　　　　　오늘 하루 감성 캠핑

노지의 감성

　인간이 캠핑을 하기 좋은 장소를 만들기 위해 의도적으로 땅을 평평하게 고르고, 물과 불을 끌어와 수도와 전기를 연결하는 캠핑장이 아닌 자연 그대로의 캠핑 장소가 바로 노지입니다. 때문에 캠핑장보다 훨씬 더 원초적인 자연의 아름다움을 느낄 수 있다는 매력이 있습니다.

　특히 가로등조차 없는 곳이 많기 때문에 밤이 되면 훨씬 더 원초적인 자연의 아름다움을 느낄 수 있다는 매력이 있습니다. 정말 칠흑

같은 어둠을 맛볼 수 있지요. 이 암흑의 공간 속에서는 작은 불빛 하나도 큰 위안이 됩니다.

스위치만 올리면 언제나 밝은 빛을 만들 수 있는 세상에 살고 있어서 그동안은 그 감사함을 잊고 있었는데, 이렇게 아무것도 없는 곳에서 불을 밝히게 되면 그 작은 불빛 하나가 얼마나 소중한지 새삼 깨닫게 됩니다. 전기와 수도 같은 기본적인 혜택 없이도 충분히 하루를 살 수 있다는 것에 놀라고 나 자신이 기특하다는 생각도 들면서 한없이 감성적이게 됩니다.

캠퍼는 흔적을 남기지 않는다

제가 온전히 혼자의 힘으로 캠핑을 시작했던 2000년대 초반에 비하면 최근에는 캠핑을 즐기는 분들이 더 많아지고 있다는 것을 느낍니다. 인터넷 카페나 SNS 등을 살펴만 봐도 캠핑 인구가 정말 많이 늘었음을 알 수 있지요. 하지만 그로 인해 자연이 훼손되고 현지 주민들이 피해를 입는 일도 많아지고 있다는 사실은 정말 안타깝습니다.

나의 행복과 재미로 인해 다른 사람에게 피해를 주면 안 된다는 것은 너무나 기본적인 것이어서 이렇게 다시 강조하는 것도 부끄럽다는 생각이 듭니다. 실제로 요즘은 쓰레기 불법투기와 환경오염 등의 문제로 인해서 노지 캠핑으로 유명했던 곳들이 다 출입 금지가 되고 있습니다. 노지 캠핑을 즐기지 못하는 아쉬움은 있지만 저는 오히려 참 잘한 조치라고 생각합니다. 그동안 수없이 그러지 말아달라고

오늘 하루 감성 캠핑

부탁했지만 고치지 못하고 피해를 주었기 때문에 아예 출입 금지라는 강력한 수단을 택한 것이겠지요.

'흔적을 남기지 않는다'는 것은 말 그대로 캠핑을 하기 위한 장소에 도착했을 때의 상태 그대로를 유지하면 되는 것입니다. 캠퍼 본인의 의지가 가장 중요하겠지만 그래도 조금이나마 흔적을 남기지 않는 방법이 있다면 쓰레기를 줄이는 데에 목표를 삼는 것입니다. 보통은 음식과 관련한 쓰레기가 많이 발생하기 때문에 되도록 캠핑을 떠나기 전에 식재료나 음식을 패키지에서 꺼내어 밀폐용기에 담아 가는 것을 추천합니다. 또, 한 번 쓰고 버리면 되는 일회용 식기가 사용하기 편하겠지만 캠핑용 식기를 사용하면 쓰레기를 줄일 수 있습니다.

실제로 이렇게 하면 캠핑 후 발생하는 쓰레기는 5L 쓰레기봉투에도 다 차지 않습니다. 쓰레기봉투를 잘 묶어서 집으로 가져와 합법적으로 버리면 되는 것이니 기분까지 개운해 집니다. 모쪼록 캠핑을 즐기는 분의 숫자가 느는 만큼 건강한 의식과 매너 수준도 동반상승하기를 바랍니다.

노지에서 사용하기 좋은 텐트

노지 캠핑은 왠지 안전하고 편한 것과는 거리가 있다고 생각이 들었습니다. 언제 변할지 모르는 악천후 등으로 인해서 안전하게 캠핑을 할 수 있어야 한다고 생각했기 때문에 전문가용 텐트를 만드는 것으로 유명한 브랜드인 힐레베르그 텐트를 구입했지요. 정식 명칭은

힐레베르그 케론 4GT 샌드Hilleberg Keron 4GT sand입니다.

전문가용이다 보니 가격이 사악합니다. 하지만 사용해 보니 왜 가격이 그렇게 비싼지 바로 알 수가 있었습니다. 우선 덩치에 비해 무게는 가볍고, 설치는 무척 간편한데 굉장히 튼튼합니다.

텐트 생김새는 마치 애벌레 한 마리처럼 생겼는데 이게 다 이유가 있습니다. 캠핑할 때에 가장 무서운 것이 바로 바람이지요. 적당히 부는 바람은 감성을 더욱 풍부하게 해 주는 아주 좋은 요소가 되지만 강한 바람 앞에서는 감성도 사치가 되어 버리지요. 생존이 우선이 되기 때문입니다. 특히 캠핑장처럼 바람을 막아주는 구조가 아닌 노지의 환경에서 강한 바람을 만난다면 텐트는 순식간에 무너지고 맙니다. 저도 순간적으로 부는 강력한 바람으로 인해 텐트가 폭삭 무너지

　　　　　　　　　　　　　오늘 하루 감성 캠핑

는 아찔한 경험을 두 번이나 한 적이 있습니다.

하지만 이 텐트는 다릅니다. 이미 강한 바람이 불고 있는 환경에서도 설치가 가능하도록 높이가 매우 낮게 설계되어 있고, 양쪽 끝의 스트링을 땅에 단단히 박은 후 4개의 폴대를 밀어 넣기만 하면 되기 때문에 아무리 바람이 불어도 텐트를 칠 수 있습니다.

애벌레가 납작하게 엎드린 모양처럼 생겼기 때문에 바람이 텐트를 밀어내는 것이 아니라 텐트를 타고 넘어가는 것을 알 수 있습니다. 텐트 안에 전실은 꽤 넓어서 텐트 안에 앉아서 간단하게 음식을 해 먹을 수도 있고요. 세트로 구입한 같은 색상의 타프 역시 매우 가볍고 튼튼하며 비를 맞은 후 건조도 빨라서 텐트와 함께 사용할 뿐만 아니라 텐트 없이 차박을 하는 우중 캠핑을 할 때에도 자주 사용합니다.

기능을 우선으로 디자인된 텐트이지만 반원 형태의 단순한 디자인과 색감은 심지어 감성적인 느낌마저 가지고 있습니다. 제가 가지고 있는 텐트 중에서 가장 고가인 2백만 원대인 텐트이며 태풍의 영향으로 비바람이 몰아치는 악천후의 날씨에 캠핑을 할 때에는 무조건 들고 가고 있습니다.

미니멀
감성 캠핑

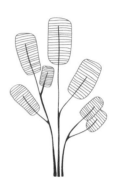

감성 캠핑을 즐기는 데는 장비가 굉장히 중요합니다. 하지만 적은 장비만으로도 감성 캠핑을 즐길 수 있는 방법은 있습니다.

오토캠핑을 하면서 공간을 꾸미는 데에 집중하는 재미보다 나에게 제한을 두는 것입니다. 짐의 양을 줄이고 애정하는 장비만으로 자연에 더 집중하는 방법도 미니멀한 감성 캠핑이 될 수 있겠지요.

장비의 크기와 무게에 상관없이, 원하는 대로 모두 다 가져갈 수 없는 상황에 처하게 된다면 모든 것을 최소화해야 합니다. 그래서 더욱 꼼꼼하게 계획하고 준비를 해야 하지요. 어찌 보면 캠핑 스타일 중에서도 가장 힘든 길을 선택하는 것이라고 할 수 있습니다. 하지만 이런 캠핑이 주는 재미는 무척 크지요. 맥시멀 캠핑과는 또 다른 성취감이 느껴지기 때문입니다.

이것은 캠핑뿐만이 아니라 인생에서 내 앞에 닥친 문제를 해결했을 때 얻을 수 있는 좋은 감정이라서 많은 사람이 공감할 것이라고 생각합니다.

백패킹

백패킹은 요즘 젊은이들이 많이 하는 캠핑의 형태입니다. 배낭 하나에 모든 짐을 챙겨 넣고, 걷거나 혹은 대중교통을 이용해서 캠핑장이나 노지까지 이동 후 캠핑하는 것을 말하지요. 조금 과장되게 말해서 자신보다 큰 배낭에 짐을 가득 싣고, 어깨에 메고, 걸어서 이동해야 하기 때문에 짐의 무게와 부피를 최소화해야 합니다. 그렇기 때문에 백패킹용 장비들은 최첨단 과학의 결정체라고까지 할 수 있지요. 때문에 가격도 굉장히 높습니다.

백패킹의 장점은 교통수단으로 진입하기 어려운 지역까지 이동이 가능하다는 것입니다. 사람의 손길이 닿지 않은 곳일수록 자연의 아름다움은 커지게 마련인지라 산속 깊은 곳 혹은 산 정상까지 이동해서 작은 사이트를 구축한다면 자연의 위대한 장관을 오롯이 즐길 수 있을 것입니다.

제가 가지고 있는 장비들은 모토 캠핑까지는 가능하지만 아직 백패킹용 장비로는 부족한 점이 많아서 백패킹을 해보지는 못했습니다. 하지만 추후 기회가 된다면 꼭 해보고 싶은 캠핑입니다.

자전거 캠핑(브롬핑)

제가 마음속에 담아 두고 있는 또 하나의 꿈은 자전거로 캠핑하는 것입니다. 물론 저도 아직 시도하지는 못했지요.

자전거 중에서도 앞바퀴와 뒷바퀴 옆에 사이드백을 달고 여행과 캠핑이 가능하도록 투어링 전용으로 만들어진 자전거가 있습니다. 한 때 자전거에 심취해 있을 때에 실제로 투어링 자전거를 구입해서 가방도 달고 용품을 준비하기도 했었는데 곧바로 모터사이클에 빠지게 되는 바람에 무산된 적이 있지요.

그때, 가지고 있던 자전거를 대부분 처분했었는데 지금까지 유일하게 남아 있는 자전거가 바로 브롬톤입니다. 브롬톤은 접이식 자전거여서 버스나 지하철에도 싣고 다닐 수 있기 때문에 자전거만으로 목적지까지 가는 것이 아니라 중간에 다른 교통수단을 이용할 수 있습니다. 때문에 먼 거리까지도 갈 수 있다는 장점이 있지요.

브롬톤에 짐을 싣고 가는 캠핑을 브롬핑이라고 하고, 이미 많은 사람이 즐기고 있는 캠핑 방법입니다. 작은 미니벨로에 많은 짐을 싣는 것은 힘들기에 브롬핑은 백패킹과 거의 동일한 수준으로 짐을 꾸려야 한다는 한계가 있지요. 때문에 아직 백패킹 장비가 없는 저는 브롬핑 역시 미지의 영역으로 남아 있습니다. 언젠가 백패킹을 성공하게 되면 브롬핑도 반드시 시도해볼 생각입니다!

오늘 하루 감성 캠핑

모토 캠핑

부모님은 퇴직 후 곧바로 유럽여행을 다녀오실 정도로 여행하는 것을 좋아하셨지요. 저 또한 부모님께 역마살을 물려받아 어릴 적부터 자전거를 타고 집에서 멀리 멀리 가는 것을 좋아했습니다. 걷는 것보다 빠른 자전거를 타고 어디든 쌩쌩 달릴 수 있었지요. 8살 때에는 자전거를 타고 지하철 두 정거장도 더 되는 거리를 가는 바람에 부모님을 놀라게 한 적도 있습니다. 자전거를 좋아하던 꼬마는 성인이 된 후에도 왕복 40km 거리를 자전거를 타고 출퇴근할 정도였으니 저의 역마살은 과거에도, 현재도, 그리고 미래에도 계속될 것 같습니다.

그런 저는 오토바이도 자연스럽게 배우게 됐습니다. 오랜 기간 작은 스쿠터를 타고 동네를 다녔었는데 우연히 새로 이사 간 집 앞에 이륜차 면허시험장이 있더군요. '심심한데 2종 소형 면허를 따 볼까?' 하는 마음에 시험을 보게 되었고 바로 시험에 붙은 저는 이후부터 큰 바이크를 타기 시작했습니다. 125cc의 작은 스쿠터로도 서울에서 전주까지 왕복 500km 여정의 여행을 한 적이 있는데 큰 바이크가 생겼으니 떠나지 않을 수가 없었지요. 이제는 진정한 캠퍼가 되었다고 생각했기 때문에 모토 캠핑은 자연스러운 수순이었습니다.

오토바이를 영어로 모터사이클이라고 하고, 오토바이로 캠핑하는 것을 모토 캠핑이라고 부릅니다. 모터사이클은 자유의 상징이지요. 분명 자동차와 같은 길을 달리는 것인데도 기분은 완전히 다릅니다. 모터사이클은 햇빛과 바람, 심지어 눈과 비까지 온몸으로 맞으며 달리기 때문에 자유롭다는 느낌이 강하게 듭니다.

오늘 하루 감성 캠핑

영화 〈모터사이클 다이어리〉를 보신 분들은 당장이라도 바이크를 타고 어디론가 떠나고 싶은 마음이 들었을 거예요. 저도 그런 병을 맞이하고 말았지요. 꿈은 크게 가지라는 말을 늘 듣고 자랐던 저는 첫 모토 캠핑 장소로 제주도를 선택했습니다.

설렘에 잠을 자는 둥 마는 둥한 저는 이른 새벽에 일어나 복잡한 서울을 빠져나가 한적한 국도를 시원하게 달렸습니다. '집에서 멀어질수록 경치는 아름다워진다'라는 믿음은 이때 생겼습니다. 남쪽으로 달리면 달릴수록 주위는 점점 더 한적해졌고, 풍경은 더 아름답더군요. 그렇게 4시간을 달려 완도에 도착한 후 모터사이클을 배에 싣고 사방이 모두 바다만 보이는 몽환적인 시간을 지난 후, 제가 가장 좋아하는 해가 지는 시간 즈음에 드디어 제주도에 도착하게 됩니다. 섬을 가득 채운 유채꽃 향기가 무척 강렬했습니다.

그렇게 시작한 제주 여행은 처음부터 끝까지 자유로움으로 가득했습니다. 해안 도로를 따라 무작정 달리다가, 숨 막히게 아름다운 풍경이 보이고 텐트를 칠 작은 공간이 있으면 망설임 없이 텐트를 펼치고 캠핑을 즐겼지요.

모토 캠핑을 하기 전에 라이딩만 할 때에는 그저 달리는 것만으로도 힐링이 되었는데 라이딩과 캠핑이 합쳐지자 만족감이 정말 극에 달하더군요!

저는 모토 캠핑이야말로 자유와 낭만의 감성이 가장 큰 캠핑이라고 생각합니다. 하지만 사랑하는 강아지 안나와 함께 캠핑을 즐기게 되면서 모토 캠핑은 접어야 했지요. 스쿠터를 제외한 모든 모터사이클을 미련 없이 처분했습니다.

그렇게 1년여의 시간이 흐른 후, 우연히 반려견을 태워서 함께 라이딩을 할 수 있는 슬링백이라는 장비를 알게 되었고, 잊고 있던 모터사이클에 대한 열정이 다시 살아나게 되었지요. 다시 모터사이클을 구입한 후 지금은 안나와 함께 모토 캠핑도 즐기고 있습니다. 참 아름다운 세상이지요!

작게 또 작게

모토 캠핑은 오토캠핑보다 당연히 짐을 많이 가지고 떠날 수가 없습니다. 백패킹보다야 조금 여유가 있을 수는 있지만 크게 다르지는 않습니다. 많은 것을 포기하고 최소화해야 합니다. 그 중 가장 큰 것이 바로 먹을거리입니다. 먹을 것을 간소화하면 장비도 간소해집니다.

백패커들은 화장실도 없는 곳으로 캠핑을 다니기 때문에 화장실을 갈 이유 자체가 생기지 않도록 먹는 음식의 양까지 조절한다고 하더군요. 모토 캠핑은 그 정도까지는 아니지만 적재량의 한계 때문에 장비를 최대한 줄여야 합니다. 그래서 자연스럽게 미니멀한 캠핑이 될 수밖에 없습니다.

앞서 말했듯 이리저리 머리를 굴려가며 짐의 크기를 줄이는 과정은 또 다른 재미를 느낄 수 있습니다. 작지만 기능은 떨어지지 않는 장비를 찾아 마련하는 재미도 있고요. 세상에는 수많은 사람이 캠핑을 즐기고 있고, 그들이 느끼는 불편한 점을 개선하기 위해 훌륭한 제품을 만드는 사람이 있지요! 다음은 제가 선택한 미니멀한 장비들입니다!

① 텐트

- 폴러스터프 투맨 텐트(Polerstuff Two-Men tent)

2인용 텐트로 나온 폴러스터프 제품입니다. 폴러스터프는 패턴이 아름다워서 인기가 많은데 그 중 텐트를 컬렉션하는 사람들이 있을 정도이지요. 저도 폴러스터프 텐트를 3개 가지고 있는데 특히 야간에는 텐트 안에 랜턴을 설치하면 은은한 빛이 패턴을 도드라지게 해서 더욱 아름답습니다. 제가 가진 텐트 중에 가장 작고 가벼우며 앞문을 개방해 폴대로 지지하면 타프 없이도 그늘을 만들 수가 있어서 텐트 바로 앞에 앉아 미니멀한 1인 캠핑 사이트를 세팅할 수도 있습니다.

사실 이 텐트는 2인용이지만 텐트 안에서 생활해야 하는 경우엔

두 명이 사용하기에는 다소 불편할 수 있습니다. 성인 두 명이서 잠을 잘 수는 있지만 부피가 작기 때문에 1인용이라고 생각하는 것이 맞습니다.

또한 메쉬로 만들어진 이너텐트 위에 플라이가 얹어지는 구조여서 공기가 완벽하게 차단되지 않아 매우 시원하지요. 반대로 그렇기 때문에 겨울철에는 외부의 찬 공기가 계속 유입되기 때문에 춥고, 크기가 작기 때문에 난방 기구를 설치하기 힘들어서 동계에는 사용하기 적합하지 않습니다.

- 미니멀웍스 폼므(Minimalworks Pomme)

폴러스터프 투맨 텐트와 비슷한 크기인데 폴대를 체결하는 방식이나 에어벤트가 있는 등 디테일이 더 좋습니다. 그리고 무엇보다 스킨 디자인이 마음에 들어서 구입했습니다.

- 티클라 티하우스3(Ticla Teahouse3)

이 텐트는 부피가 크기 때문에 모토 캠핑용으로는 적합하지는 않습니다. 색감과 디자인이 아름다워서 감성 캠핑에는 적합하지요. 감성을 느끼려면 조금의 불편을 감수해야 한다고 생각했기 때문에 선택했습니다. 앞서 타프를 먼저 언급했듯이 레퓨지오 타프와 함께 피칭하면 참 아름답습니다.

② 매트리스, 침낭, 필로우 : 씨투써밋 컴포트 플러스 인슐레이티드 XT RG RT WD 매트리스(SeatoSummit Comfort Plus Insulated XT RG RT WD

Mattress), 미니멀웍스 카멜레온 350 2.0(Minimalworks Chameleon 350 2.0), 씨투써밋 에어로 필로우 프리미엄 LG (SeatoSummit Aero Pillow Premium LG)

모터사이클을 타고 겨울철에 이동하기에는 힘이 들어서 모토 캠핑은 주로 따뜻한 계절에 주로 즐기게 되지요. 또, 감성적이기는 하지만 미니멀하게 짐을 꾸려야 하기 때문에 되도록 꼭 필요한 장비만 챙기다 보면 텐트 내부까지 꾸미기에는 힘이 듭니다. 텐트 내부는 잠을 잘 수 있는 최소한의 장비만 챙기게 되고 따뜻한 계절에 떠나게 되니 작게 접히고 바람만 넣으면 적당한 크기로 커지는 에어 매트리스와 필로우, 침낭 세 가지만 있으면 됩니다.

③ 버너 : 소토 윈드마스터 ST-320(Soto Windmaster ST-320)

매우 작게 접히지만 성능은 강력해서 사용하고 있는 제품입니다. 바람이 아무리 불어도 끄떡없지요.

④ 조리도구 : 스탠리 캠프쿡 세트(Stanley Camp Cook Set),
미군 스테인리스 반합 (US Army Stainless steel Mess kit)

제가 쓰고 있는 것은 요리에 필요한 도구를 컴팩트하게 구성해서 모아 놓은 스탠리 제품입니다. 물을 끓이는 냄비 안에 2인용 그릇과 접시, 프라이팬 뒤집개, 국자까지 들어 있는 알찬 구성입니다. 스탠리 제품 말고도 아이디어가 좋은 제품들이 많이 있으니 사용자의 취향에 맞춰서 구매하면 됩니다.

타원형이 특징인 미군 메스킷 반합은 프라이팬으로 사용 중입니다. 컴팩트하고 빈티지한 느낌이 감성적이어서 모토 캠핑시 잘 사용하고 있는데 뚜껑은 요리한 음식을 담아서 먹기에 좋습니다.

⑤ 커트러리

-아웃러리(Outlery)

세상에서 가장 작은 식기 세트로 유명한 제품입니다. 작은 양철 박스 안에 숟가락, 젓가락, 포크, 나이프가 들어 있습니다. 일회용품을 줄이자는 취지로 만든 환경친화적인 제품입니다.

-미니멀웍스 티타늄 커트러리 세트(Minimalworks Titanium Cutlery Set)

딱 필요한 것만으로 구성됐으며 티타늄이라 매우 가벼워서 야외에서 사용하기 좋습니다.

⑥ 양념통

작은 유리병에 필요한 양념들을 나눠 담은 후 작은 파우치에 넣어 가지고 다닙니다. 대부분은 스테인리스 재질의 박스에 넣는 제품이 많은데 저는 가지고 있던 빈티지한 느낌의 파우치가 더 느낌이 좋아서 작은 유리병을 따로 구해서 양념통을 만들었습니다.

⑦ 화로대

개인적으로 화롯대는 미니멀한 모토 캠핑에서 요리와 난방 감성의 기능을 모두 충족시켜야 하기 때문에 매우 중요한 장비라고 생각합니다. 그리고 역시 이동의 문제 등으로 작게 접히고 가벼워야 합니

다. 이런 기준으로 선택한 장비들인데 저마다 디자인도 다 다르고 설
치하는 방법도 달라서 사용할 때마다 즐거움이 가득합니다.

-피코그릴398(Pico Grill 398)

얇은 철판 두 개를 어슷하게 겹친 독특한 디자인이 너무 마음에
들어서 가장 먼저 구입한 화로대입니다. A4용지 만한 크기인데 매우
가볍고 튼튼하며 요리하기도 굉장히 편해서 꼭 모토 캠핑이 아니더라
도 캠핑을 갈 때마다 가장 많이 챙기게 되는 최애 화로대입니다. 실제
로 유튜브 채널에서 가장 많은 분이 물어본 화로대이기도 하고요.

저는 20만 원대로 구입을 했는데 크기에 비해서 가격이 높기는
하지만 내구성과 독특함 때문에 절대 후회가 없는 화로대입니다. 현

재는 1/10 가격으로 비슷한 제품이 많이 나와 있습니다.

-로고스 캠핑 바비큐 피라미드 그릴 콤팩트

(Logos camping barbecue grill compact)

접으면 아주 작은 크기인데 펼치면 적당한 크기가 되는 폴딩 기술의 결정체 같은 화로대입니다. 철저히 1인용이며 컴팩트한 크기여서 테이블 위에 올려놓고 미니 불멍 하기도 좋습니다.

-엔캠프(nCamp)

작은 크기인데 화로대와 미니테이블까지 들어 있어서 미니멀한 캠핑을 떠날 때에 최적입니다. 특히 화로대는 고체연료도 사용이 가능하고 작은 나뭇가지를 주워 모아서 사용할 수도 있어서 거친 자연환경에서 사용하기에 좋습니다.

⑧ 접이식토치 : 미니멀웍스, 스노우피크

폴딩이 되는 토치들이며 특히 미니멀웍스 제품은 손잡이 디자인이 감성적이어서 좋습니다.

⑨ 랜턴

-콜맨 프론티어 PZ(Coleman Frontier PZ), 베어본즈(Barebones Beacon), 골제로(Goalzero)

휴대가 용이한 크기이지만 밝은 빛을 만드는 랜턴들이라서 모토 캠핑을 떠날 때에는 무조건 들고 갑니다.

오늘 하루 감성 캠핑

- 유코 오리지널 캔들랜턴 클래식(Uco Original Candlantern Classic)

제가 가지고 있는 랜턴 중에 가장 작은 감성 랜턴입니다. 심지어 폴딩이 되어서 주머니에 넣을 수도 있습니다. 칠흑 같은 어둠 속에서는 랜턴의 기능을 할지도 모르지만 그러기엔 너무 빛이 약해서 감성의 기능이 훨씬 더 큽니다. 그냥 너무 예쁩니다. 색상도 다양하고 이 작은 랜턴에 전등갓도 씌울 수 있지요. 캔들 대신 작은 파라핀 오일 램프를 넣어서 사용할 수도 있습니다.

⑩ 테이블

-미니멀웍스 모카롤 테이블(Minimalworks Mocha Roll Table)

좁은 나무를 연결해 둘둘 말아 파우치에 넣으면 되는 구조여서 접었을 때 부피가 작고, 전용 랜턴 걸이까지 추가할 수 있어서 실용성도 좋습니다. 무엇보다 무척 예뻐서 모토 캠핑처럼 미니멀한 캠핑을 할 때에 매우 좋습니다.

-헬리녹스 테이블 O 홈 M 오크(Helinox Table O Home M Oak)

작은 원형 테이블에 3개의 다리를 결합해 사용하는데 사이드 테이블로 활용하기 좋습니다.

⑪ 체어 : 커밋체어 오크 블랙(Kermit Chair Oak Black)

앞서 말씀드린 대로 모토 캠핑을 위해 만들어진 체어인 만큼 모토 캠핑을 할 때에는 필수품처럼 가지고 다니는 제품입니다.

⑫ 멀티툴 : 레더맨(Leatherman Multitool)

　흔히 맥가이버칼이라고 불리는 장비이지요. 휴대하기 좋도록 크기는 작지만 여러 가지 기능을 가지고 있어서 아웃도어 활동을 할 때에는 매우 유용하게 사용합니다.

음식보다 소중한 램프

짐을 최소화해야 해서 먹는 즐거움까지 포기하는 캠핑이라고 해도 어둠 속에 위안이 되는 따스한 불빛까지 포기할 수는 없습니다.

저는 짐을 최소화해야 하는 캠핑을 떠날 때에는 파라핀 오일 랜턴 중에서 가장 작은 랜턴 하나를 가지고 갑니다. 오일을 깨끗이 비우고 깨지지 않도록 전용 케이스에 담아 가는 것이지요. 그리고 밝기가 밝은 커다란 랜턴을 가져갈 수는 없지만 밝은 빛은 필요하기 때문에 가장 밝은 충전식 랜턴 두 개를 추가로 더 챙깁니다.

캠핑장에 가보신 분은 아시겠지만 아무리 잘 정돈된 캠핑장이라고 해도 준비해온 불빛이 없이는 캠핑이 불가능합니다. 최소한의 장소에만 전등이 설치되어 있기 때문입니다. 더욱이 노지에서 캠핑을 할 때에는 불빛이 더 중요하지요.

어둠이 가득한 밤에 불빛이 없으면 음식도 할 수 없고, 비가 내리거나 바람이 강하게 분다던지 하는 긴급 상황에서 대처할 수 있는 방법이 없어 당황할 수밖에 없습니다.

밝으면서도 감성이 있는 충전식 랜턴도 있고, 밝기는 조금 떨어지지만 불을 붙이는 과정에서 아날로그 감성이 물씬 묻어나는 작은 양초 랜턴도 있습니다. 매우 작아서 휴대하기에 좋고 유리가 보호해 주기 때문에 웬만한 바람에도 촛불이 꺼지지 않습니다. 작은 양초 랜턴을 작은 랜턴 걸이에 걸어두고 작은 모닥불 옆에 털썩 앉아 불멍을 할 때면 태초의 인간이 된 기분도 들고 때로는 영화에서 보던 낭만적인 카우보이가 된 것 같은 기분이 들기도 하지요.

오늘 하루 감성 캠핑

비록 모토 캠핑이라는 장르는 모터사이클이 있어야 가능하기 때문에 오토캠핑보다는 접근성이 떨어지기는 하지만 자유를 만끽하고픈 감성 캠퍼라면 반드시 한 번쯤은 해보기를 추천합니다. 아무도 없는 강가에 모터사이클을 타고 가서 혼자 캠핑을 한다는 것은 분명 멋진 일입니다.

퇴근과 출근 사이,
차박

　누구나 사람이 많이 없는 한적한 곳에서 한가하게 캠핑하는 즐거움을 꿈꿉니다. 하지만 출퇴근이 자유로운 직업을 가진 사람 몇몇을 빼고 다수의 사람은 주말밖에 캠핑을 즐길 수가 없지요. 거기에 주말마저도 일에 치여 기다리던 캠핑을 가지 못하는 경우가 생기기도 하고요.

　그래서 어떤 사람은 퇴근 후 캠핑장으로 달려가 캠핑을 하고, 다음날 조금 일찍 일어나 곧바로 일터로 출근하는 틈새 캠핑을 하기도 합니다. 이것을 퇴근박이라고 부르기도 하지요.

　저는 출퇴근이 자유로운 편이라 거의 평일에 캠핑을 많이 하는데 어느 날은 여유롭게 캠핑장에 도착해서 텐트를 치고 있었습니다. 그런데 급한 일이 생겨서 캠핑을 포기해야 하는 상황이 생긴 것이지요.

철수할 시간마저 없어서 텐트를 그대로 놔두고 캠핑장을 떠났다가 늦은 밤에 다시 돌아와 캠핑을 마저 했던 경험이 있습니다. 그때 퇴근박이 어떤 것인지 체험을 했던 것이지요.

퇴근과 출근 사이의 시간은 넉넉하지 못하기 때문에 여유롭게 캠핑을 즐기지 못할 것이라고 생각했었는데 그렇지 않더군요. 캠핑은 역시 캠핑이었습니다. 일터에서 즉시 캠핑장으로 간다는 것은, 가만히 있다가 냉장고에서 꺼낸 시원한 물을 마시는 것보다 1시간 동안 달리기를 열심히 하고 가지고 있던 물을 마시는 것이 훨씬 더 시원하게 느껴지는 것과 같은 이치라는 생각이 들었습니다.

이산화탄소가 가득 찬 공간에서 피곤한 얼굴로 업무를 보다가, 답답한 공기를 마시며 퇴근을 하던 직장인이 집이 아닌 자연 속에 자신이 만든 집으로 달려가는 것은 정말 행복한 일탈입니다. 그야말로 꿀맛이지요! 이것만으로도 충분합니다. 훌륭한 음식도, 넉넉한 시간도, 보기 좋은 캠핑용품도 필요 없습니다. 자유와 자연이 주는 감성만으로도 이미 꽉 차게 행복하니까요!

차박도 감성 있게

세계적으로 코로나19라는 바이러스로 인한 대혼란이 장기화되면서 해외여행을 가지 못하게 되자 국내 여행, 그중에서도 캠핑을 즐기는 사람들이 폭발적으로 늘었습니다. 또 그중에서도 간편하게 캠핑을 즐길 수 있는 차박 열풍이 거세게 불었고, 방송과 여러 매체를 통해서

오늘 하루 감성 캠핑

보도되더니 그 열기는 아직까지 식을 줄 모르고 있습니다. 차박을 해 보지는 않았어도 차박이라는 말은 대부분 들어봤을 정도지요.

차박은 텐트가 없어도 할 수 있는 캠핑입니다. 텐트를 설치하는 것이 아니라 차 안에서 자는 캠핑이기 때문에 훨씬 간편하게 그리고 부담 없이 즐길 수 있지요.

하지만 나만의 공간을 만들어서 즐기는 감성 캠핑을 즐기는 저는 사실 차박을 그렇게 좋아하지는 않았습니다. 애정하는 장비를 펼쳐서 나만의 공간을 만드는 재미가 줄어들기 때문입니다. 그럼에도 불구하고 차박을 할 수밖에 없는 상황이 가끔 생기기 때문에 저도 차박을 할 때가 있습니다.

제가 처음 했던 차박은 한여름 바닷가에서였습니다. 비 오는 바다의 모습이 궁금해서 바다 바로 앞에 있는 캠핑장으로 갔는데 비뿐만 아니라 바람까지 거세게 불어서 바닥은 빗물이 흥건하고 텐트는 바람에 요란하게 펄럭였습니다. 도저히 텐트에서 잠을 잘 수 없다고 판단하고 차에서 잠을 자게 된 것이 첫 번째 차박이었지요.

차 안은 외부와 견고하게 차단되기 때문에 아무리 바깥 상황이 험해도 텐트 안에 있을 때보다는 편하게 잠을 잘 수 있습니다. 그때만 해도 가지고 간 텐트에서 잠을 자지 못한다는 아쉬움이 컸는데 차 안에서 바라보는 바깥 풍경이 꽤 운치가 있었고 아늑한 실내에서 보내는 시간도 나쁘지 않았습니다.

그렇게 우연치않게 시작한 첫 번째 차박 이후 저는 종종 차박을 하고 있습니다. 캠핑장이나 노지에 텐트를 치고 사이트를 꾸미는 것과 비슷한 재미를 찾으면서 말이지요!

차박도 일반 캠핑처럼!

기본적으로 차 안에서 하는 것이 차박이지만 차와 텐트를 연결해서 하는 차박도 있습니다. 차의 트렁크를 열고 텐트를 연결하는 방식이라 침실, 주방, 거실 3개의 공간이 병렬식으로 배치되어 편리하지요. 겨울에도 텐트 안에 난방장치를 설치해서 온도를 높이면 트렁크를 닫지 않고도 차에서 충분히 잠을 잘 수 있어서 답답하지 않다는 장점이 있습니다.

하지만 개인적인 취향으로는 차와 길게 연결된 텐트의 모습이 썩 예뻐 보이지는 않아서 도킹 텐트를 이용한 차박은 선호하지는 않습니다.

저는 트렁크차박 텐트라고 하는 아주 미니멀한 텐트를 선호하는데 트렁크를 열고 열린 부분만 덮어 지퍼로 문을 여닫을 수 있는 제품이어서 개방감도 좋고 매우 간편하다는 장점이 있습니다.

감성적으로 꾸미는 차박

자동차 실내 공간은 2인용 텐트보다 좁습니다. 하지만 조금만 수고하면 충분히 감성적인 공간으로 바꿀 수 있지요.

차박은 무엇보다 천고가 높은 차가 좋습니다. 차박을 목적으로 차를 구입하는 분이라면 반드시 직접 차 바닥에 앉아서 높이를 확인하는 것을 잊지 마시기를 바랍니다. 똑바로 앉았을 때 머리가 천장에 닿으면 매우 불편하지요. 공간이 짧아서 다리를 뻗지 못하는 것보다 높이가 낮아서 머리가 닿는 게 더 불편할 것입니다.

가장 중요한 것은 바닥 처리입니다. 자동차마다 다르지만 기본적으로는 뒷좌석의 시트를 앞으로 접고 바닥을 평평하게 만들어야 합니다. 그 후에 푹신한 느낌을 주기 위해 자충매트나 에어매트리스를 깔고 감성적인 담요로 덮으면 반은 된 것입니다. 이 정도만 해도 아늑하다는 느낌이 들 것입니다.

그 후 작은 램프들을 차 안의 구조물에 잘 거치해서 꾸며주면 됩니다. 작은 가랜드도 함께 걸어주면 더 좋지요. 하지만 절대로 차 안에서 오일 램프 같은 진짜 불로 빛을 밝히는 랜턴을 사용하면 안 됩니다. 차박 열풍으로 인해서 건전지로 작동하는 수많은 알전구가 판매되고 있으니 그것을 구입해서 사용하면 됩니다.

무언가 더하고 싶다면 안락한 쿠션과 얇은 담요를 준비해도 되고, 미니 테이블을 하나 설치하고 아로마 인센스를 두어서 은은한 향이 퍼지도록 해도 됩니다. 작은 스피커 같은 소품을 더해주면 금상첨화겠지요. 미니 테이블은 두 사람 정도는 차 안에서 간단한 음식을 즐기기에 충분합니다. 솔로 캠핑일 경우에는 더 좋지요!

클래식카로 즐기는 감성 차박

차박을 하면서 감성 캠핑을 하려면 차 자체가 만들어내는 감성이 중요하지요. 최신형 자동차도 물론 감성적일 수 있지만 편안하고 빈티지한 감성을 만들려면 클래식카가 더 좋습니다. 하지만 우리나라는 클래식카를 그저 오래되고 불편한 옛날 물건 정도로 생각하는 사람이 많지요. 클래식카는 번호판을 따로 발급하는 유럽 몇몇 나라와는 달리 클래식카에 대한 특별 관리법이 없기도 하고 클래식카 자체가 적기 때문에 클래식카를 즐기기에는 매우 힘든 나라여서 말처럼 쉽지는 않지요.

저는 자동차를 무척 좋아하는 사람입니다. 그중에서도 클래식카를 광적으로 좋아하는 사람이라서 한동안 99년식 로버미니로 캠핑을 즐기기도 했습니다. 요즘도 저는 크고 안락한 클래식카에 어닝을 설치하고 빈티지한 장비들을 꺼내어 한적한 곳에서 즐기는 캠핑을 늘 꿈꾸고 있지요.

이런 감성적인 캠핑을 즐기는 분들도 꽤 있는 것으로 알고 있지만 사실 그런 캠핑을 하기에는 현실에 맞지 않는 부분이 굉장히 많기도 합니다. 그럼에도 클래식카 차박을 하는 분들을 보면 그저 부러울 따름입니다. 저도 미국의 히피문화가 뜨거웠을 때의 감성을 재현해 보고 싶기도 하고, 바닷가에 차를 세워놓고 그곳에서 살다시피 하는 서퍼의 감성을 느껴보고 싶기도 합니다.

차박이라는 것도 어떤 차를 가지고 어떤 마인드로 하느냐에 따라 꿈같은 궁극의 감성 캠핑이 될 수도 있고, 편리함을 추구하는 간편한 캠핑이 될 수도 있습니다.

차박의 재미!

우연히 차박을 시작했던 이후로, 저는 여름이 되면 가끔 차박을 하고 있습니다. 겨울에는 텐트 안을 따뜻하게 할 수 있는 방법이 많지만 여름에는 텐트 안을 시원하게 할 수 있는 방법이 많지 않고, 비바람 같은 악천후도 많아서 여름에는 종종 차박을 하고 있는 것이지요.

차의 트렁크를 열고 모기장이 있는 트렁크차박용 텐트를 설치한 후 잠들기 전에 에어컨을 켜서 온도를 내리고 선풍기를 틀고 잠을 자면 폭염의 날씨에도 꽤 시원하게 잠을 잘 수 있답니다. 밀폐된 공간이 아님에도 커다란 모기장이 설치되었기 때문에 위험하지 않습니다. 물론 주변에 아무도 없을 때 가능한 방법이기는 합니다. 밤에는 엔진 소음이 꽤 크게 들리니까요.

차 안에 편안하게 누워 밖의 풍경을 감상하는 행복한 경험은 마치 액자 안의 그림을 보는 것 같은 기분이 들기도 합니다. 힘들게 텐트를 치고 타프를 거는 일을 하지 않고도 캠핑을 즐길 수 있다는 것은 '캠핑은 힘들다'라는 고정관념 때문에 캠핑을 꺼리는 분들을 캠핑의 세계로 이끄는 좋은 역할도 하는 것 같고요.

다만 저는 풀 세팅을 해 놓고 캠핑하는 것을 좋아하기 때문에 캠핑의 모든 과정을 차 안에서 해결하는 것보다는 차에는 잠만 자고, 차 앞에 타프나 쉘터를 설치한 후 이외의 모든 것은 차 밖에서 즐기는 것이 더 맞더군요. 이렇게 본인에게 맞는 것이 어떤 것인지를 찾는 재미도 있겠지요.

가족과 함께
캠핑을!

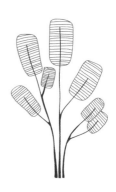

앞서, 진짜 캠핑은 솔로 캠핑이라고 말씀드렸고, 저 역시 솔로 캠핑을 즐기고 있는 사람이지만 가족이 있다면 솔로 캠핑만 계속할 수는 없습니다. 당연히 사랑하는 가족과도 캠핑을 즐기게 되지요.

가족 캠핑은 솔로 캠핑과 목적이 다릅니다. 그러니 가지고 가야 하는 장비도, 목적지도, 캠핑장에서 하는 활동도 전부 다를 수밖에 없습니다.

한집에서 함께 살아가는 가족이라고 하더라도 집을 벗어나 자연 속에서 시간을 함께 보내면 색다른 경험을 할 수 있습니다. 평소에 몰랐던 의외의 모습을 볼 수도 있고, 갑자기 어떤 문제가 발생했을 때 함께 해결해 가면서 가족끼리 유대가 더 단단해지기도 하지요.

내 취향대로 준비해서 혼자 즐기는 캠핑도 무척 좋지만 내가 사

오늘 하루 감성 캠핑

랑하는 사람의 얼굴이 행복으로 가득해지는 것을 보는 것은 또 다른 종류의 행복감을 느끼게 해 줍니다.

하지만 세상에 공짜는 없지요. 가족과 즐기는 캠핑은 혼자 떠났던 것과는 다르게 챙겨야 할 것들부터 어마어마해집니다. 가서 해야 할 일도 수도 없이 많아져서 몸도 많이 힘들어지지요. 어린아이와 키즈카페에 가서 2시간만 놀아줘도 체력은 완전히 바닥이 나는데 1박 2일 동안 가족과 함께 부딪혀야 하는 캠핑은 말 다 했지요!

장비가 더 필요해

저희 집에는 5명의 사람과 한 마리의 강아지가 살고 있습니다. 막내딸이 태어나기 전까지는 보통의 4인 가족 기준으로 세팅하면 됐는데 막내딸이 태어나면서 모든 것이 바뀌었습니다. 사람 하나 더 늘은 것 뿐인데도 집도, 차도, 준비하는 것도 전부 커져야 하는 상황이 된 것이지요. 부부 둘만 있을 때와 아이가 한 명 태어났을 때의 차이, 아이가 한 명이었을 때와 둘, 혹은 셋이 됐을 때의 차이를 생각해 보면 됩니다.

캠핑하는 인원이 한 명이라도 더 늘어나면 그만큼 장비도 더 늘어나게 됩니다. 텐트를 인원수에 맞게 큰 것으로 준비해야 하고 의자, 침낭, 식기 등등의 장비가 2배, 3배가 되는 것입니다. 게다가 만약 겨울철에 가족 캠핑을 하게 된다면 준비해야 하는 장비는 더 많이 필요하게 되어서 차도 더 큰 것으로 준비해야 할 것입니다. 실제로 저희 집은 겨울철 캠핑을 갈 때에는 차 두 대로 움직입니다.

가족 캠핑할 때에 꼭 준비해야 할 것

혼자일 때보다 누군가 함께하면 준비물은 늘어날 수밖에 없습니다. 사랑하는 아이와 함께 캠핑을 할 때에 가장 중요한 것은 건강에 관한 물품이라고 생각합니다. 아이들이 야외에서 신나게 뛰놀다 넘어지는 일은 다반사이기 때문에 비상의약품은 기본으로 준비해야 하고 여름에는 선크림과 모기 기피제를, 겨울에는 입술 보호제 등을 준비하면 좋겠지요.

아이들이 있다면 준비하면 좋을 놀잇감

캠핑은 자연 속에서 그 기운을 충분히 느끼는 것이지요. 아이들에게 자연은 가장 큰 놀잇감이 됩니다. 특별한 장난감을 쥐어주지 않아도 아이들 스스로 놀거리를 찾고, 만들어서 잘 놉니다. 하지만 실내에서 생활을 많이 하게 되는 겨울철에는 모두 모여서 함께 할 수 있는 게임을 조금 준비해가면 잠들기 전까지 즐거운 분위기를 만들 수 있지요.

저는 아직 초등학생인 세 명의 딸과 함께 그림을 그리거나 빙고, 브루마블, 우노, 할리갈리 게임을 많이 합니다. 뭔가를 준비하지 않아도 아이들끼리는 상황극을 하기도 하고 재미있게 잘 놀지요. 둘러앉아 간식을 먹으며 게임을 하면 시간 가는 줄도 모릅니다.

가족마다 좋아하는 놀거리가 다를 테니 취향에 맞춰 즐거운 캠핑을 하며 가족 간의 사랑을 더 크게 만들어 보세요!

피크닉도
감성 있게

저의 유튜브 채널 이름은 '피크니캠프'입니다. 소풍은 캠핑보다는 조금 더 가볍고 설레는 느낌이 있지요. 그래서 캠핑을 소재로 하지만 소풍 가듯이 항상 새롭고 설레고 멋스러운 캠핑을 하고 싶어서 피크닉picnic+캠프camp를 더한 피크니캠프라고 이름을 지었습니다.

감성을 좋아하는 분이라면 그림 같은 피크닉에 대한 로망도 있겠지요! 캠핑을 갈 수 있는 상황이 아니라면 집 근처로 피크닉을 가 보세요. 캠핑과는 또 다른 매력이 있답니다!

한낮의 힐링 타임

서울에 살고 있는 저는 집 근처 공원이나 한강에 나가는 것을 아주 좋아합니다. 캠핑을 할 정도로 여유가 없을 때에는 피크닉 개념으로 공원이나 한강에 나가서 피크닉 캠핑을 하지요. 물론 이렇게 하면 산과 바다로 캠핑을 나가는 것만큼 여러 가지 감성을 즐길 수는 없지만 피크닉 캠핑도 감성 있게 즐기면 건강한 일상을 살아가는 데에 큰 도움이 됩니다.

나무 그늘 하나만 잘 찾는다면 편하게 누워서 쉴 수 있겠지만 간

오늘 하루 감성 캠핑

단하게 피크닉 매트 하나 정도는 챙기는 게 좋겠지요. 하지만 이미 감성 캠핑을 즐기고, 그것이 몸에 익숙한 저는 조금 더 챙기고 싶은 것들이 있습니다. 우선 카트가 필수입니다. 장비를 메고 들고 갈 정도의 양이라면 필요 없겠지만 잠시 머물더라도 꼭 필요한 것들이 있으니 이럴 때에는 카트 하나에 싣고 가는 게 제일 좋습니다.

여담으로 저는 오래 전에 코스트코에서 저렴한 가격으로 하나 구입했는데 아무리 굴리고 던져도 도무지 고장이 나지 않아서 십 년이 넘도록 아직도 잘 사용하고 있습니다. 사이트에 주차를 할 수 없는 캠핑장도 있고 집에서 주차장까지 장비를 옮길 때에도 매우 편리하게 사용할 수 있으니 카트는 하나 정도 마련하는 것을 추천합니다.

오늘 하루 감성 캠핑

한낮의 피크닉 타임

트렁크에서 카트를 꺼낸 후 필요한 장비들을 가득 싣고 공원으로 가는 발걸음은 가볍지요. 피크닉을 즐기기에 앞서 우선 나라에서 정해 놓은 규칙을 잘 숙지하고 가는 것이 좋습니다. 보통 햇빛이 좋은 날 피크닉을 가기 때문에 그늘막을 설치하게 되는데, 지역마다 허용하는 범위가 다르니 설치가 가능한 기간과 지역인지를 잘 확인해야 합니다.

그늘막 텐트도 설치가 가능하다면 더 좋겠지요. 그리고 사람 수에 맞게 의자와 테이블을 챙기고 작은 아이스박스 정도 있으면 좋습니다. 저는 랜턴 걸이와 랜턴도 챙깁니다. 아이들과 함께라면 가랜드도 챙겨 가고요. 모기에 물리지 않도록 모기향과 홀더, 향을 즐기기 위한 인센스, 간단한 식기, 물티슈, 블루투스 스피커 등도 챙깁니다.

음식이나 음료는 그날 분위기에 맞춰서 간단하게 챙기면 되고 그렇지 않다면 그냥 가서 배달을 시키거나 공원 근처 편의점 등에서 사 오는 편입니다.

가까운 거리에 나가더라도 필요한 것을 챙기다 보면 짐의 양을 줄이기는 힘들더군요. 그래도 감성을 느낄 수 있도록 준비하는 것이 정신 건강에는 더 좋다고 생각합니다. 굳이 먼 곳으로 가지 않아도 좋습니다. 가까운 곳에서 힐링할 수 있는 장소를 찾아보세요!

강아지도
캠핑을 좋아해

평소에는 많은 사람과 함께 북적이며 일해야 하는 CF 감독이라는 일상을 살기 때문에 혼자서 즐기는 사색의 시간이 필요한 저는 그동안 늘 솔로 캠핑을 했습니다. 그러다 강아지 안나와 함께 살게 되면서 우연히 함께 캠핑을 다녀왔는데 강아지와 함께 하는 그 시간이 너무 좋더군요. 말도 못하는 강아지가 의지가 되기도 하고요. 하지만 강아지와 캠핑을 하면서 강아지에게 맞는 새로운 장비가 필요하다는 것을 깨달았지요.

그렇게 조금씩 장비를 알아보다가 깜짝 놀랐습니다. 이미 오래전부터 강아지와 캠핑을 즐기는 분이 많아서 다양한 강아지 캠핑용품이 있더군요!

강아지 식기

제가 처음 구입한 것은 강아지 식기였습니다. 폴딩이 되는 실리콘 재질이라 무게도 가볍고 휴대도 편해서 모토 캠핑에도 가져가기 좋았습니다. 강아지 안나와 함께 캠핑을 가면 실리콘 식기에 밥을 담아 줍니다. 안나가 암컷이어서 저는 핑크를 선택했지요.

각자 키우는 강아지의 크기와 취향에 따라서 선택하면 될 정도로 많은 제품이 나와 있습니다.

강아지 집

두 번째로 구입한 것은 강아지가 머물 수 있는 집입니다. 강아지도 캠핑장이 낯설기 때문에 적응하기 힘들어할 수도 있어서 심리적 안정감을 느낄 수 있도록 강아지 쉼터를 만들어주는 것이 좋습니다. 집에서 사용하는 것을 가져가도 되지만 강아지도 야외활동을 하는 것이기 때문에 강아지 집 역시 계절에 따라 여름에는 시원한 매쉬나 바닥이 대나무 돗자리처럼 처리된 제품이 좋고 겨울에는 바닥이 폭신하고 지붕이 있는 안락한 느낌의 제품이 좋습니다.

오늘 하루 감성 캠핑

이것도 필요해요!

그 외에도 평소에 좋아하는 간식을 챙겨가는 게 좋습니다. 사람이 먹는 음식을 나눠 먹을 수는 없으니까요. 울타리가 설치된 반려견 전용 캠핑장이 아니라면 강아지가 돌아다니며 떨어진 음식물을 먹는 경우가 있으니 항상 주의 깊게 살펴보는 게 좋습니다.

실외 배변을 하는 강아지라면 배변 봉투만 챙기면 되겠지만 패드에만 배변을 하는 강아지라면 패드도 따로 챙겨가야 합니다. 또한 강아지 동반 캠핑이 가능한 캠핑장이라고 하더라도 다른 사람들을 보호하는 차원에서 리드 줄은 꼭 챙겨야 하지요.

4부

내가 만드는 감성 캠핑

감성 캠핑은
나로 완성된다

중요한 일정이 있을 때 우리는 아껴 두었던 좋은 옷을 꺼내어 한껏 멋을 냅니다. 그것마저 여의치 않을 때에는 장소와 목적에 맞는 새 옷을 사기도 하지요. 우리가 하는 일은 어떤 종류냐에 따라 의상 스타일도 당연히 바뀌게 됩니다.

그동안 캠핑을 다니면서 어떤 옷을 입고, 어떤 신발을 신었는지 생각해 보세요. 스타일링이라는 개념을 잊고 평소 입던 옷을 그대로 입고 있지는 않은가요? 캠핑은 야외활동이니 더러워지고 찢어지는 일은 다반사니 낡아서 버릴 옷을 입고 캠핑을 갔을 지도 모르겠습니다.

하지만 캠핑할 때에 입는 옷과 신발에 감성을 더하면 어떻게 될까요? 이전에 생각하던 캠핑과는 개념이 달라질 것입니다.

오늘 하루 감성 캠핑

옷차림으로 완성되는 감성 캠핑

아웃도어에서 하룻밤을 보내야 하는 것이 캠핑입니다. 아무리 깨끗한 옷을 입고 신발을 신었다고 하더라도 금세 더러워지기 쉽습니다. 그래서 많은 분이 한 번 입고 버릴 낡은 옷과 신발을 준비합니다. 저도 처음에는 그랬었지요.

하지만 지금은 생각을 바꿨습니다. 나의 소중한 시간과 돈을 투자해서 아름다운 공간을 만들었습니다. 그곳의 주인공은 나이고, 내가 그곳에 들어가면서 비로소 완성이 되는 것입니다. 나 또한 공간을 완성하는 하나의 요소라는 말입니다. 이런 중요한 역할을 맡은 사람이 어떤 모습인가에 따라서 감성 캠핑의 완성도를 좌지우지할 수 있는 중요한 성분이라고 생각합니다.

캠핑장에 앉아 내가 세팅한 사이트를 찬찬히 한번 둘러보세요. 어느 것 하나 나의 손길이 닿지 않은 곳이 없습니다. 아무리 작은 장비라고 하더라도 모두 나의 선택을 받았기 때문에 지금 이곳에 있는 것이지요. 성격과 모양은 달라도 모여 있을 때에는 서로 어울려 나의 취향을 고스란히 드러내고 있습니다.

오늘을 기념하며 셀카 모드를 설정해서 사이트 전체가 나오도록 사진을 한 장 찍어 봅니다. 찰칵 소리를 듣고는 달려가 핸드폰을 집어 사진을 확인합니다. 그런데 방금 전까지 내 눈에 보이던 아름다운 분위기와 완전히 따로 노는 나의 모습을 보게 된다면… 아, 얼마나 안타까운 일인가요!

캠핑을 할 때에는 몸을 사용하는 일이 많기 때문에 활동이 편한 옷이 좋은 것은 사실입니다. 하지만 활동이 편하면서도 감성적인 옷은 얼마든지 있습니다. 좋은 옷, 예쁜 옷 사서 아끼지 말고 캠핑할 때 많이 입어주세요. 더러워진 옷이나 신발은 빨면 되지요. 그러니 편하면서도 자신만의 스타일대로 멋지게 입고 캠핑을 해보기를 바랍니다. 옷이 멋지면 기분도 좋아집니다.

요즘에 저는 심지어 새 옷을 아껴 두었다가 캠핑할 때에 개시하고는 합니다. 사랑하는 반려견과 함께하는 캠핑이라면 반려견의 의상도 신경 써서 챙겨보세요. 더 감성적인 캠핑을 즐길 수 있답니다!

소중한 손과 발

　캠핑을 할 때에는 평상시보다 손과 발을 많이 씁니다. 그렇기 때문에 그만큼 다치기도 쉽지요. 특히 손은 부딪히거나, 찧거나, 베이거나, 데는 일이 정말 많습니다. 그러니 캠핑용 장갑은 꼭 준비하는 게 좋습니다. 끊임없이 손을 사용해야 하기 때문에 작은 상처도 매우 신경 쓰이게 되거든요.

　손만큼 자주는 아니지만 발도 다치기가 쉽습니다. 그래서 되도록 튼튼한 신발을 신고 가는 것이 좋습니다. 저는 발에 열이 많이 편이라 추운 겨울을 제외하고는 늘 샌들을 즐겨 신는데, 그래서 발을 많이 다치게 됩니다. 팩에 부딪히기도 하고, 불멍할 때 튀는 불똥에 데이기도 하지요. 저처럼 발에 열이 많아서 어쩔 수 없이 샌들을 신는 분이 아니라면 여름에도 튼튼한 신발을 신는 게 가장 안전합니다.

내 손으로 만드는
감성

    우리는 수많은 정보가 난무하는 시대에 살고 있지요. 처리해야 하는 서류도 많고, 만나야 하는 사람도 많고, 봐야 하는 영상도 많습니다. 매일 주입되는 수많은 정보를 피해 우리의 눈과 뇌를 쉬게 하는 방법은 무언가에 집중하는 것입니다. 내가 좋아하는 것에 집중하는 순간, 뇌는 그것 하나만 신경을 쓰면 되어서 피곤은 사라지고 힐링을 했다는 느낌을 받는 것이지요.

    다행히도 캠핑을 할 때에는 집중할 수 있는 것이 매우 많습니다. 장작을 도끼로 쪼개는 것도 힐링이고, 불멍은 불에 집중하는 힐링이고, 요리를 하는 것은 먹는 것에 집중하는 힐링이지요. 집중이 주는 힐링의 마법이라고나 할까요?

    수많은 힐링 방법 중에서도 저는 스스로 무언가를 만드는 것으로 감성 캠핑을 즐기고 있습니다. 누군가가 만들어 놓은 물건 중에 나의 취향을 담은 것을 구입하는 것도 좋습니다. 하지만 간단한 감성 용품을 스스로 만들어 보세요. DIY 고수이거나 천부적인 황금손을 지닌 분이 아니어도 나만의 감성 용품을 쉽게 만들 수 있습니다.

술병 램프

랜턴을 무척 좋아하는 제가 가장 먼저 만들어 본 것이 바로 DIY 램

오늘 하루 감성 캠핑

프입니다. 사용하고 남은 유리병이나 용기 중에 예쁜 것들은 모아두는 편인데 어느 날 그것들을 보고 있으니 램프를 만들면 좋겠다는 생각이 들었습니다.

저는 황동탭심지라고 불리는 작은 물건을 구비해서 미니어처 술병에 꽂아서 불을 붙여보았지요. 병이 작아서 불이 오래 가지는 않지만 만드는 과정은 너무나 간편하고, 만든 후에 불을 보는 재미는 무척 컸습니다.

미니어처 술병이 디자인적으로 가장 만들기 쉽지만 다 쓴 향수병이나 화장품 용기도 괜찮습니다. 더 큰 심지를 사용한다면 와인병 같은 큰 제품도 램프로 만들 수 있으니 주위를 한 번 둘러보고 오늘 당장 시도해 보세요!

단, 심지를 길게 뽑으면 불꽃은 크지만 그것은 오일이 타는 것이 아니라 심지가 타는 것이어서 그을음이 발생합니다. 심지 길이는 1~2mm 정도로 살짝만 나오게 해서 사용하면 그을음 없는 은은한 불빛을 볼 수 있답니다.

조개 캔들

바닷가에 가면 조개껍질을 흔히 볼 수 있습니다. 이 조개껍질로 다양한 창작물을 만들 수 있는데 저는 이것으로 불빛을 만들어 봤습니다. 꼭 바닷가가 아니라 칼국수를 먹고 난 뒤에 나오는 조개껍질을 이용하는 분도 있지요. 그만큼 재료 구하는 것은 어렵지 않습니다.

깊이가 깊은 조개껍질을 주워서 깨끗이 씻은 후 짧게 자른 심지를

조개 바닥에 고정한 후 녹인 파라핀만 부어주면 끝입니다. 한 번에 여러 개를 만들 수 있으니 바닷가에서 캠핑할 때 아이들과 함께 하면 좋은 추억이 됩니다.

삼각대 테이블

만약 집에 사용하지 않는 카메라 삼각대가 있다면 캠핑 장비로 만들 수 있습니다. 삼각대 브라켓이라고 하는 작은 장비와 나무 테이블만 있으면 되지요.

삼각대 브라켓을 나무 테이블 정중앙에 나사로 단단히 체결하면 세

오늘 하루 감성 캠핑

상 하나뿐인 나만의 감성 테이블이 완성됩니다. 원형도 좋고 사각형도 좋습니다. 돌려서 체결하는 방식이라 운반할 때에는 분리하면 되고, 하나의 삼각대에 다양한 테이블을 조합할 수도 있습니다.

연탄집게 랜턴 걸이 & 팩 모기향 거치대

DIY 까지는 아니지만 다른 용도를 찾다보면 새로운 재미도 느낄 수 있습니다.

캠핑을 하면서 연탄구이를 한 적이 있었는데 그때 구입했던 연탄집게가 저에게는 아무리 봐도 저에게는 랜턴 걸이로 보이더군요. 그래서 땅에 꽂은 후 작은 램프를 걸었는데 무척 보기 좋았습니다. 팩에 모기향을 걸었더니 다른 분위기가 나고요.

직접 만든 것은 아니지만 이렇게 새로운 시도를 해 보는 것도 감성을 말랑말랑하게 만들어 주는 좋은 생각인 것 같습니다.

오늘 하루 감성 캠핑

내 장비는
예쁘고 소중해

캠핑 장비를 모시고 살 필요까지는 없지요. 하지만 함부로 써서 쉽게 망가지거나 제 수명을 다하지 못하게 만드는 일은 하지 말아야 한다고 생각합니다. 모두 나의 피나는 노력과 바꾼 장비들이니까요. 관리만 잘하면 대물림까지도 할 수 있는 캠핑 장비는 꽤 많습니다.

언제나 새것처럼!

제 영상을 보는 분들께서 가끔씩 "도대체 장비 관리를 어떻게 하길래 저렇게 늘 새것처럼 반짝반짝하나요?"라고 묻습니다. 사실 특별한 건 없습니다. 그냥, 진짜로 잘 관리하면 됩니다.

캠핑 장비는 자연환경에서 사용하기 때문에 먼지나 벌레 때문에 오염이 쉽게 됩니다. 특히 랜턴 종류는 뜨거운 상태에서 이물질이 묻으면 금방 눌어붙게 되지요. 이 상태로 그냥 방치해 두면 점점 처음의 아름다운 모습은 사라지게 됩니다.

물론 시간의 변화에 따라 변해가는 것도 멋이 있습니다. 하지만, 내가 관리를 못 해서 낡아가는 것인지, 시간의 흐름을 덧입어서 변해가는 것인지는 차이가 크지요. 결국 장비는 항상 깨끗하게 관리해야 오래도록 잘 사용할 수 있습니다.

여름에는 특히 랜턴에 온갖 벌레가 다 달라붙습니다. 그래서 다시 파우치에 넣기 전에는 최소한 입으로 훅훅 불어서라도 벌레 사체를 털어낸 후에 넣습니다. 흙이 묻은 장비들은 흙을 최대한 털어낸 후에 차에 싣고요.

그리고 집에 도착해서는 그날은 일단 쉽니다. 그리고 다음 날부터 시간이 날 때마다 장비를 꺼내어 수건으로 하나씩 닦아 줍니다. 랜턴은 되도록 모두 분해해서 청소하는 게 가장 좋습니다. 유리 글로브도 매직 블럭을 이용해서 닦으면 웬만한 얼룩은 다 지워집니다. 그래도 지워지지 않는 얼룩은 칼로 살살 긁어내면 됩니다. 금속으로 된 랜턴 본체는 금속광택제를 사용해서 닦으면 언제나 새것처럼 광을 유지할 수 있습니다. 나무 식기들은 잘 세척한 후 자연 바람에 천천히 말려주는 것이 좋고, 가끔씩 올리브오일을 발라주면 오랫동안 깨끗하고 안전하게 사용할 수 있지요.

물론 청소하고 정리하는 행동은 귀찮은 것이지만 더러운 것을 깨끗하게 했을 때 느껴지는 쾌감을 아는 분도 많을 거라고 생각합니다. 귀찮

오늘 하루 감성 캠핑

음을 이겨내면 늘 깨끗한 용품으로 쾌적하게 캠핑할 수 있다는 것을 잊지 마세요!

아끼고 싶을수록 열심히 쓰자!

고가의 장비나 리미티드 에디션 장비는 그저 바라만 봐도 좋지요. 그렇게 구한 장비를 장식장 안에 두고 관상용으로 보기만 하는 분도 있을 테지만 저는 귀하게 구한 장비일수록 더 열심히 사용합니다. 자주 사용하면서 저의 손때가 묻고 낡아가는 모습을 보면 물건이지만 정도 들고 더 애착이 가더군요.

어차피 리미티드 에디션이라고 이름 붙인 것들은 계속 나오게 마련입니다. 많이 사용하고, 또 새로운 장비를 사는 것도 감성을 다양하게 즐기는 좋은 방법이지 않을까요? 비싸게 준 것은 그만큼 조심해서 사용하면 되고 잘 관리해서 보관하면 됩니다. 어차피 스스로 즐거운 시간을 보내기 위해서 시작한 캠핑이니, 좋은 물건으로 열심히 사용하는 게 남는 것입니다!

캠핑장에서 마시는
커피 한 잔

　많은 사람이 커피를 좋아합니다. 커피가 주는 향긋한 냄새와 혀 끝에 닿는 쌉쌀하고 달콤한 맛까지 정말 많은 매력이 있지요. 일상생활을 하면서 커피를 마신다는 것은 커피의 맛과 향을 즐기면서 잠깐의 휴식시간을 즐기고 분위기를 전환하는 개념이 크다는 생각을 합니다.

　캠핑장에서도 많은 사람이 커피를 마시지요. 자연 속에서 마시는 커피 한 잔은 일상생활을 하면서 마시던 것보다 감정이 극대화 되면서 매우 큰 행복감을 줍니다. 갓 내린 커피의 맛과 향은 누구나 짐작할 수 있지만 거기에 자연의 향기와 소리, 그리고 분위기까지 더해지면 그야말로 최고의 힐링을 주지요!

커피 한 잔을 위한 1시간

감성 캠핑은 과정부터 즐기는 것이 중요하다고 생각합니다. 편의점에서 구입한 커피는 앉은 자리에서 1분도 걸리지 않아 마셔버릴 수 있지만 커피 한 잔을 위해서 원두를 갈고, 물을 끓이고, 필터에 내리는 것까지 생각하면 무려 1시간이 걸리는 작업이기도 하지요.

커피에 담는 감성은 나뭇가지를 줍는 것부터 시작합니다. 캠핑장 주위를 돌며 떨어져 있는 마른 나뭇가지들을 모으는 것이지요. 그리고 화롯대에 놓고 불을 피웁니다. 글로는 간단하게 설명할 수 있는 이 행위

도 실제로는 굉장한 시간이 걸립니다. 불을 붙이는 과정에도 감성이 들어가기 때문인데, 화롯대에 불을 붙이는 방법을 쉬운 순서부터 설명해 보겠습니다.

① 토치 사용

이소가스나 부탄가스에 연결해 불을 붙이면 강력한 불이 나와 웬만한 두께의 장작에도 쉽게 불이 붙습니다. 되도록 얇은 장작을 몇 개 쌓아 놓고 토치로 고르게 불을 가하면 짧은 시간 안에 불이 붙습니다. 장작이 잘 말라 있다면 불은 금방 붙기 때문에 가장 쉬운 방법이라고 할 수 있지요.

토치에도 감성을 입힌 제품이 있습니다. 손잡이가 나무로 된 것들인데 디자인이 다양하니 취향에 맞게 구입하면 됩니다.

-스노우피크 기가 파워 폴딩 토치(Snow Peak Giga Power Folding Torch)
이름처럼 폴딩이 되는 구조로 휴대가 용이합니다.

-미니멀웍스 파이어 해머(Minimalworks Fire hammer)
손잡이 디자인이 매력적이며 길이 연장 부품이 들어 있어서 장작과 거리를 두고 안전하게 불을 붙일 수 있고 연장 부품을 이소가스에 연결해 랜턴의 높이를 높이는 용도로도 사용이 가능합니다.

② 착화제 사용
강력한 토치가 없어도 착화제가 있다면 불은 쉽게 붙습니다. 착

화제의 종류는 고체형과 젤타입으로 된 액체형이 있습니다. 두 가지 모두 알코올을 가공해서 만든 것이기 때문에 불이 쉽게 붙습니다.

-고체형 : 알코올을 고체로 가공해서 만든 것으로 일반적으로는 착화제 뿐만 아니라 일반 음식점에서 음식의 온도를 유지하는 용도로 쓰이기도 합니다. 고체형 착화제는 화롯대 가장 아래에 착화제를 설치하고 장작을 위에 쌓은 후 성냥이나 라이터로 착화제에 불을 붙이면 몇 분 동안 불이 지속되며 장작에 불이 붙는 원리입니다.

-젤타입 액체형 : 역시 알코올을 액체 형태로 가공해서 튜브 형태로 만든 것입니다. 간편하게 장작 위에 치약 짜듯 뿌린 후 불을 붙여서 사용합니다. 성냥 같은 작은 불에도 쉽고 안전하게 불이 붙기 때문에 초보자도 쉽게 사용이 가능합니다.

-DIY 착화제 : 내 손으로 착화제를 직접 만들어서 사용하면 기분이 더 좋겠지요. 가장 기본적인 방법은 종이컵에 휴지를 적당히 말아 넣은 후 식용유, 백등유, 파라핀 오일 등 가지고 있는 연료를 휴지가 젖을 만큼 뿌리고 불을 붙이면 됩니다.

조금 더 과정이 필요한 착화제는 양초 만드는 방법을 응용한 솔방울 착화제가 있습니다. 솔방울에 노끈 등을 돌돌 말아주고 녹인 파라핀에 담근 후 일정 시간이 지나면 굳게 됩니다. 초 모양의 착화제가 만들어진 것이지요. 이때 녹은 파라핀에 파라핀 전용 색소를 넣게 되면 아름다운 색을 가진 착화제를 만들 수도 있습니다. 여유가 있을

때에 집에서 조금씩 만들어 놓으면 캠핑장에서 작은 즐거움을 느낄
수 있지요.

③ 파이어스틱을 사용해 불을 붙이는 방법

버튼 한 번 누르면 불이 나오는 토치 같은 제품은 사용하기 편리
하기는 하지만 내가 직접 만들었다는 뿌듯함을 느끼기는 힘들지요.
불을 붙이는 과정의 기쁨을 맛볼 수 있는 것이 바로 부싯돌을 사용하
는 것입니다.

먼저 불이 잘 붙는 아주 가는 조직으로 이루어진 부싯깃을 준비
합니다. 노끈을 비벼 푼 것이나 목화솜 혹은 마른 갈대 줄기 등이
좋은 부싯깃입니다. 이 방법은 작은 불씨를 점점 크게 만들어 결국

오늘 하루 감성 캠핑

장작에까지 불을 붙이는 방법이기 때문에 단계별로 불을 옮길 재료를 미리 준비해 놓고 시작해야 합니다.

화로 옆에 솜뭉치 같은 부싯깃 → 마른 나뭇잎 → 작은 나뭇가지 → 중간 굵기 나뭇가지 → 쪼갠 장작 → 큰 장작 순서로 준비해 둡니다. 그리고 부싯돌을 이용해 부싯깃에 불을 붙이면 아주 작은 불씨가 피어오릅니다. 조심스럽게 입김을 불어가며 불씨를 키우고 점점 굵은 땔감을 얹어가며 불을 키우면 됩니다.

마그네슘으로 만든 스틱을 거친 날이 있는 톱형태의 쇠붙이로 힘 있게 긁으면 마찰로 인해 마그네슘 가루가 작은 불티(스파크)를 만듭니다. 이 작은 불티가 부싯깃에 작은 불씨를 만들게 됩니다. 번거로워 보이지만 사실 이런 과정 자체가 매우 신기하고 감성적이고 힐링이 됩니다. 어렵게 불을 붙일수록 성취감은 더욱 커지게 되지요.

-마그네슘 파이어스틱 스타터(magnesium fire sticks starter)

조종사의 생존키트에도 포함된 제품이며 마그네슘바를 긁어모은 후 불꽃을 일으켜 불을 붙이는 원리입니다. 단 지속시간이 짧아서 미리 부싯깃을 준비해 두어야 합니다.

④ 마찰열을 이용해 불을 붙이는 방법

영화에서 볼 수 있는데 나무를 손으로 비벼가며 불을 만드는 원시적인 방법입니다. 저도 아직 해보지는 않았지만 장비를 잘 만든다면 생각보다는 금방 불이 붙을 것 같습니다. 언젠가는 꼭 한번 도전해보고 싶네요!

감성 캠핑에서 볼 수 있는 커피 장비

이렇게 커피 한 잔을 마시기 위해 불을 만드는 과정까지만 해도 몇 십 분이 금세 지나갑니다. 이렇게 어렵게 만든 불은 확실히 더 아름답지요. 불이 잘 붙었다면 따뜻한 불 옆에 앉아 불이 춤추는 모습을 감상하며 본격적인 준비를 합니다.

먼저 그라인더에 원두를 넣어 갈아줍니다. 커피는 감성 캠핑에서 매우 중요한 비중을 차지하고 있기 때문에 저는 커피에 관련된 장비들도 본인의 감성에 맞게 아낌없이 투자해도 된다고 생각합니다.

오늘 하루 감성 캠핑

① 원두 보관통 : 따로 구입할 수도 있지만 저는 유리로 된 식료품 병이나 작은 위스키병을 재활용해서 가지고 다닙니다. 유리로 되어 있어서 내용물이 잘 보이기도 하고 무엇보다 그냥 보기에 더 좋더군요. 저만의 취향과 감성이 드러나는 느낌이라 애착이 가기도 하고요.

② 스쿱 : 저는 나무 감성을 무척 좋아하기 때문에 커피를 뜨는 스쿱 역시 작은 우드 스푼을 사용합니다.

③ 주전자 : 1인용 커피 물을 끓일 수 있는 작은 주전자부터 여럿이

즐길 수 있는 많은 양의 물을 끓일 수 있는 큰 주전자도 필요합니다.

-릿지몽키 스퀘어 케틀 0.5L(Ridgemonkey Square Kettle 0.5L)

독특하고 얇은 사각형 모양을 한 이 주전자는 미니멀한 캠핑에 적합합니다.

-페트로막스 퍼코막스 에나멜 퍼콜레이터 블랙

(Petromax percomax enamel percolator black)

1.3L의 용량으로 가족 캠핑에도 좋으며 퍼콜레이터가 들어 있어서 차를 우리기도 좋습니다.

④ 그라인더 : 캠핑장에서 쓰는 그라인더는 보통 한 잔 정도 만들 수 있는 용량이 많습니다. 집에서 사용하는 그라인더보다 휴대가 편리하도록 조립식으로 되어 있어서 조립하는 재미도 있습니다. 저는 역시 감성이 가득한 우드가 메인인 제품을 사용합니다.

-스노우피크 필드 바리스타 스테인리스 스틸 그라인더

(Snowpeak Field Barista Stainless Steel Grinder)

은색의 바디에 밝은 느낌의 나무 손잡이가 감성적이어서 구입했습니다. 같은 브랜드의 드리퍼와 함께 사용하면 감성을 더욱 끌어올릴 수 있지요.

오늘 하루 감성 캠핑

　-로비539 커피 미니 그라인더(Lobby 539 Coffee Mini Grinder)

　블랙 바디와 어두운 나무색의 조합이 좋아서 구입했습니다. 같은 브랜드의 드리퍼와 함께 사용합니다.

　⑤ 드리퍼 : 조립해서 사용하는 드리퍼도 있고 금속, 우드, 도자기 등등 다양한 소재의 드리퍼가 있습니다. 저는 기능적인 면보다는 디자인 취향이 저에게 맞는지를 기준으로 제품을 구입했습니다.

　-스노우피크 필드 바리스타 드리퍼 CS-117

　(Snowpeak Field Barista Dripper CS-117)

　조립해서 사용하는 방식이라 접었을 때 부피가 작아서 휴대성이

좋습니다. 디자인도 매우 마음에 듭니다.

-로비539 드리퍼 블랙 에디션(Lobby 539 Dripper Black Edition)

블랙 세라믹으로 만들어졌으며 다이아몬드 문양이 멋있습니다.

-스탠리 클래식 포어 오버 커피 드리퍼

(Stanley Classic Pour Over Coffee Dripper)

아웃도어의 명가 스탠리 제품이며 커피잔과 세트로 구입했습니
다. 이 드리퍼는 거름종이가 필요 없는 제품이어서 간편하다는 장점
이 있습니다.

오늘 하루 감성 캠핑

⑥ 거름종이 : 대부분 민무늬 제품이 많지만 약간 주름이 잡힌 디자인도 있습니다.

⑦ 커피잔 : 커피잔은 매우 중요합니다. 이렇게 긴 시간을 들여 만든 커피가 결국 최종적으로 담기는 곳이니까요. 그래서 캠핑의 콘셉트에 맞게 다양한 모양의 잔이 필요합니다. 역시 저는 우드로 된 잔을 가장 좋아합니다.

⑧ 모카포트 : 에스프레소를 만드는 장비입니다. 크기별로 종류가 무척 다양한데 저는 딱 한 잔만 만들 수 있는 아주 작은 모카포트를 가지고 다닙니다.

캠핑장에 퍼지는 커피 향기

그라인더에 원두를 넣기 위해 보관 통을 열 때부터 퍼지는 원두 향에 커피를 마시기 전부터 기분이 좋아집니다. 작고 예쁜 스쿱으로 원두를 떠서 그라인더에 넣고 사각사각하는 소리를 들으며 천천히 갈아줍니다. 그리고 커피 잔 위에 드리퍼와 거름종이를 설치한 후 정성스레 갈린 원두를 거름종이에 잘 부어줍니다. 활활 타오르는 화로 위에 있는 주전자 물이 끓기 시작하면 불에 데지 않도록 안전하게 장갑을 낀 손으로 주전자를 집어 듭니다. 아주 천천히 조금씩 물을 부어 뜨거운 물이 충분히 커피를 우릴 수 있도록 합니다. 드리퍼에서 떨어지는 갈색 커피가 예쁜 수증기와 향을 뿜어냅니다.

커피 한 잔을 기다리는 이 시간을 저는 너무 좋아합니다. 이 순간이 저에게 큰 행복을 가져다주지요. 드디어 커피 한 잔이 완성되었습니다. 이제 편안한 의자에 앉아 모든 감각 기관을 활짝 열고 커피 한 모금을 마십니다.

캠핑을
기록하다

　매번 같은 캠핑장으로 캠핑을 간다고 해도, 캠핑을 할 때마다 느끼는 감성은 매번 다를 것입니다. 우리가 매일매일 비슷한 하루를 살아가고 있는 것 같지만, 그 하루를 자세히 들여다보면 매일이 같은 기분을 느끼지는 않는 것처럼 말이지요.

　캠핑할 때에 가장 큰 영향을 주는 날씨를 비롯해서 그날의 나의 기분, 준비한 음식의 종류, 함께하는 사람 등 여러 조건이 매번 다른 느낌을 줍니다. 그런 다양한 즐거움을 눈으로 보고, 귀로 듣고, 입으로 맛보고, 손으로 느끼고, 코로 맡으며 좋은 추억으로 기억하는 것도 좋지만 사실 우리는 매일매일 캠핑을 떠날 수는 없는 현실이기 때문에 캠핑을 하는 행복한 순간을 기록하는 것도 중요하다고 생각합니다.

　캠핑의 순간을 사진이나 영상으로 남기게 되면 시간이 지나서 다

　　　　　　　　　　　　　　　　　오늘 하루 감성 캠핑

시 꺼내어 볼 수 있고, 그러면 그때의 감정들이 다시 살아나기 때문에 당장 캠핑을 떠나지 못하더라도 어느 정도 기분전환이 되기도 하지요.

물론 캠핑의 순간뿐만이 아니라 인생의 모든 좋은 순간들이 다 해당되겠지요. 하지만 캠핑의 순간은 조금 더 특별하다고 생각합니다. 예술에 빗대어 보면, 캠핑은 행위예술이나 설치미술에 해당하는 것 같습니다. 자연 속에 들어가 사이트를 만들고, 캠핑을 즐긴 후 다음날이면 모두 철수해야 하지요. 결국엔 시간예술과 같은 개념인 것입니다. 여행지에 있는 멋있는 호텔에서 잠을 자고 오는 것이 아니기에 어찌보면 일회용 숙소와 같지요. 그래서 더더욱 캠핑의 아름다움을 기록하는 것이 중요하다고 생각합니다.

사진으로?

다양한 SNS 채널과 핸드폰의 기술발전 덕분에 사진 촬영은 이제 더이상 특별한 행동이 아니라 배고프면 밥을 먹듯 지극히 당연한 삶의 일부가 되었습니다. 필름 카메라밖에 없던 시절에는 사진 한 장이 매우 귀한 것이었지만 지금은 핸드폰만 있다면 누구나 사진을 찍을 수 있게 되었지요.

요즘 가장 활발한 SNS인 인스타그램에 들어가 보면 캠핑 사진의 고수가 정말 많다는 것을 알 수 있지요. '사진을 찍기 위해 캠핑을 가는 게 아닐까?' 하는 생각이 들 정도로 멋진 사진들이 많습니다. 뭐가 되었든지 자신이 좋아하는 것을 한다는 것이 중요한 것이겠지요.

영상으로?

저는 어릴 적부터 유독 동영상을 촬영해서 영상을 만드는 것을 좋아했습니다. 어깨에 올려서 찍어야 하는 비디오카메라를 들고 다니며 영상을 촬영했던 기억이 아직도 생생합니다. 그러다보니 저는 자연스럽게 영상을 만드는 일이 업이 되었고 사진보다 영상 촬영이 더 자연스러운 사람이 되었지요. 캠핑의 모든 과정을 담백하게 담아내는 저의 영상들은 그렇게 탄생 되었습니다.

동영상의 매력은 사진과 달리 당시의 소리가 담긴다는 것입니다. 그래서 더더욱 순식간에 그때 그 시간으로 들어갈 수 있습니다. 제가 올리는 영상처럼 길게 만들지 않아도 좋지요. 핸드폰으로도 편하게 찍을 수 있고 어플로도 충분히 편집이 가능하니 캠핑을 할 때마다 조금씩 촬영을 해 두면 누구나 멋진 영상을 만들 수 있습니다.

특히 사랑하는 아이나 반려견과 캠핑을 많이 하신다면 더 말할 것도 없습니다. 금방 어린 모습이 사라져 버리기 때문이지요.

오늘 하루 감성 캠핑

나만의 별장을 만들다

    사실 캠핑은 어렵고 귀찮은 일입니다. 크고 작은 장비를 이고 지고 떠나, 텐트 치기 좋은 땅을 골라서 망치를 이용해 스스로 집을 지어야 하고, 모든 끼니를 직접 해결해야 하는 것이 바로 캠핑이지요. 캠핑장에서는 온갖 벌레를 만나기도 하고 씻는 것도 불편합니다.

    하지만 많은 사람이 오늘도 짐을 싸서 캠핑을 떠납니다. 캠핑장에서 잠자는 것은 집에서 자는 것과는 차원이 다르기 때문이지요. 자연 속에 내 집을 직접 짓고, 주방과 침실을 꾸미는 재미는 어느 것에 비교하기 힘듭니다.

    최근에는 장박을 하는 사람도 많아졌습니다. 장박을 하는 이유와 그 매력은 무엇일까요?

장박을 하는 이유

날이 추우면 바깥 활동을 잘 하지 않게 되고, 그렇기에 캠핑도 비시즌에 돌입하지요. 하지만 정말 캠핑을 좋아하는 사람은 계절을 가리지 않습니다. 다만 아무래도 추위에 폭설까지 겹치면 캠핑장에 가서 텐트를 치고 걷고 하는 것이 번거롭고 힘들게 느껴집니다. 그래서, 강추위에 매번 사이트를 구축하는 것은 힘들지만 그래도 캠핑을 하고 싶은 마음이 있는 캠퍼들은 한 번 설치해 놓으면 겨우내 캠핑을 즐길 수 있는 장박을 많이 합니다.

장박이란 캠핑장 하나를 정해서 일정 기간 동안 텐트를 설치하고 자신의 공간을 갖는 것입니다. 그리고 캠퍼들은 시간이 날 때마다 찾아가서 캠핑을 즐기는 것이지요. 캠핑장에 설치한 텐트가 진짜 집은 아니지만 마치 별장을 소유한 듯한 기분을 느낄 수 있다고 합니다. 예전에는 캠핑 경력이 오래된 캠퍼들 위주로 했지만 요즘은 이제 막 캠핑에 입문한 분들도 꽤 많이 시작하는 것 같더군요.

저는 다양한 장소를 경험하며 캠핑하는 것을 더 좋아하기 때문에 한 장소에 오래 머무를 수밖에 없는 장박은 아직 해보지 않았지만 나중에 기회가 된다면 한 번 해보고 싶다는 생각은 듭니다. 경치가 좋은 곳은 역시 인기가 많아 금방 예약이 차버리니 장박을 원하신다면 서두르는 게 좋습니다.

오늘 하루 감성 캠핑

장박용 텐트

겨울에 하는 캠핑은 비, 눈, 바람 등의 악천후가 많기 때문에 텐트가 무너지지 않는 것이 아주 중요합니다. 그래서 매우 튼튼한 텐트를 설치해야 하지요. 원터치 텐트 같은 것은 겨울철에는 쓸모가 없습니다. 한겨울 폭설에 텐트가 무너지는 경우를 정말 많이 봤습니다. 캠지기 분이 어느 정도 관리를 도와주기는 하지만 갑자기 폭설이 내리면 방법이 없지요.

장박용 텐트는 눈이 잘 쌓이지 않는 형태가 좋습니다. 제가 생각하기에는 인디언텐트처럼 생긴 TP텐트가 가장 알맞은 것 같습니다. 경사가 급하기 때문에 눈이 많이 와도 쌓이지 않고 밑으로 떨어지고, 꼭대기로 난로의 연통을 길게 뽑기에도 좋지요. 다만 높이가 높은 TP텐트는 바람에 약할 수 있으니 고정할 수 있는 장치는 모두 사용하는 것이 좋습니다.

5부 ────────────────────────────────────

감성 캠핑 별책 부록

어떤 텐트를
사야 하지?

    캠핑을 하기 위해서 꼭 필요한 장비가 무엇이냐고 묻는다면 저는 당연히 텐트가 제일 먼저라고 생각합니다. 조리도구 등은 집에서 쓰던 것을 가지고 가서 사용해도 되지만 먹고, 쉬고, 잠을 자야 하는 텐트는 꼭 있어야 하지요.

    하지만 텐트의 종류가 너무 많아서 캠핑 초보들은 선택하는 데에 애를 먹습니다. 혼자서도 자주 다닐 테니 1인용 텐트를 사야 할지, 가족들이 함께 할 때에 모두 이용할 수 있는 큰 텐트를 사야 할지, 하계용과 동계용을 구분해서 사야 할지, 사계절 사용이 가능한 텐트를 사야 할지, 아니면 텐트가 아닌 캠핑장의 방갈로를 이용하는 것이 좋을지 모든 것이 선택의 연속입니다!

오늘 하루 감성 캠핑

면 텐트가 좋을까 폴리 텐트가 좋을까?

저는 감성을 뿜어내는 면 소재의 텐트를 사용 중입니다. 불이 붙으면 큰일이지 않느냐는 질문을 받기도 하는데 요즘 나오는 면 소재의 텐트는 방염처리가 되어 있기 때문에 작은 불씨로 텐트에 구멍이 생기는 일은 적습니다. 물론 겨울철 설치한 화목 난로 연통 끝에서 나오는 작은 불씨가 텐트에 옮겨붙지 않도록 주의해야 하기는 하지요.

면이 아닌 폴리 합성섬유로 만든 텐트는 일명 불빵이라고도 불리는 생각하기도 싫은 일이 생길 위험이 높습니다. 폴리 텐트에는 연통이 있는 난로는 가급적 사용하지 않는 것을 추천하는 이유입니다. 면 수건과 비닐봉지에 동시에 불씨가 떨어졌을 때 어느 곳에 더 불이 금방 붙을 것인지는 쉽게 짐작할 수 있지요.

여름용, 겨울용을 구분해야 할까?

우리가 입는 옷에도 여름용과 겨울용이 있듯이 텐트도 마찬가지입니다. 여름에는 더위가 가장 힘들게 하는 요소이기 때문에 설치가 간편하고 크지 않으면서도 바람이 잘 통하는 텐트가 좋고, 겨울에는 설치가 조금 힘들더라도 크고 바람을 잘 차단하며 보온 기능이 좋은 텐트가 좋겠지요.

텐트를 조금 더 살펴보면 3계절용도 있고, 극동계용도 있습니다. 그동안 적지 않은 수의 텐트를 사용해 보았지만 텐트를 알면 알수록 그 세계는 끝이 없습니다. 텐트를 연구하고 만드는 사람들이 계속 새로운 텐트를 만들어내고 있기 때문이지요.

하지만, 감성을 중시하는 저는 감성을 표현할 수 있는 디자인과 재질을 따져서 제품을 선택했듯이 본인에게 지금 어떤 제품이 필요한지 기본만 생각하면 선택하는 폭은 좁혀질 것입니다.

몇 인용 텐트를 사야 할까?

제가 운영하고 있는 유튜브나 인스타그램에 '일 년 내내 사용할 수 있는 텐트를 하나만 산다면 어떤 텐트를 사는 게 좋을까요?'라고 묻는 분이 종종 있습니다.

캠핑은 아웃도어에서 하는 취미이기 때문에 날씨에 따른 장비의 변화가 불가피합니다. 대한민국은 뚜렷한 사계절이 있는 나라이지요. 계절이 바뀌면 옷이 바뀌듯 텐트도 마찬가지입니다. 또 캠핑을 혼자 하는지, 아니면 두 명 이상이 하는지에 따라서도 사용하는 텐트의 종류가 달라지지요. 더울 때, 추울 때, 비가 올 때, 바람이 많을 때, 혼자 할 때, 여럿이 할 때 등등 캠핑의 상황은 매우 다양하기 때문에 한가지 텐트로 이 모든 상황을 소화할 수는 없습니다.

야외 기온이 높은 여름철에 텐트는 밤에 잠만 자는 곳이 됩니다. 밖에서 야외활동하고 먹고 노느라 텐트 안에 들어갈 일이 없지요. 그렇기 때문에 크기가 클 필요가 없습니다. 그런데 기온이 낮을 때에는 아무래도 텐트 밖에서 보내는 시간보다는 텐트 안에서 보내는 시간이 많아지기 마련입니다. 이런 때에는 텐트 실내 공간이 클수록 좋겠지요.

텐트를 1인용, 2인용, 4인용… 이런 식으로 정하는 기준은 누워서 잠을 잘 때입니다. 그래서 12인용 텐트라고 하더라도 12인이 텐트 안에서 편하게 이동하며 생활이 가능하다는 뜻은 아닙니다.

텐트 크기를 선택하는 기준은 사용하는 인원수에 맞추는 것입니다. 텐트 실내에서 모든 생활이 가능하다는 것을 기본으로 하고 사용 인원수에 2배를 곱하는 것이지요. 2명이면 4인용 텐트를, 4인이면 8인용 텐트를 선택하면 됩니다.

저는 혼자 캠핑을 떠나더라도 겨울에 사용하는 텐트는 크기가 큰 것을 선호합니다. 텐트 안에 침실, 주방, 거실이 다 있어야 하고 이동 통로도 고려해야 하기 때문입니다. 실내에서 허리를 구부리고 다니면 몹시 힘들기 때문에 천고도 높아야 합니다. 또 겨울에는 화목 난로를 설치해야 하는데 연통을 달아서 세워야 하기 때문이지요.

추천 제품 하나를 고르라면!

여러 가지 고려해야 할 사항이 많음에도 불구하고 하나만 추천해달라고 이야기하는 분께는 〈텐트마크디자인 써커스TC-BIG Tent-Mark Design circus TC-BIG〉 제품을 말씀드립니다.

텐트의 최초 모양을 하고 있어서 천고도 높고, 출입구가 커다래서 개방감도 있지요. 상황에 맞게 변형도 가능해서 앞을 걷어 올리면 쉘터 대용으로도 사용이 가능합니다. 텐트 하나로 일 년을 버티기에는 이 제

234

품만한 것이 없지요.

금전적 여유가 있고 이동하는 차량이 큰 편이라면 무조건 큰 텐트로 하세요! 고생하려고 캠핑하는 게 아니라 여유와 힐링을 느끼기 위해 캠핑을 하는 것이기 때문에 공간의 여유가 많으면 많을수록 좋습니다.

물론 부피가 큰 텐트는 많이 무겁습니다. 면으로 만든 제품은 더하겠지요. '나 혼자 떠나는 솔로 캠핑인데 이렇게까지 크고 무거울 필요가 있을까?'라는 생각이 절로 들지요. 하지만 힘든 것은 잠깐입니다. 텐트를 설치하는 시간보다 텐트 안에서 생활하는 시간이 훨씬 더 길기 때문에 텐트는 무조건 큰 것이 좋다고 생각합니다! 그래서 저는 혼자서 캠핑을 떠나도 12인용 텐트를 가지고 갑니다. 심리적으로 매우 여유롭기 때문에 좋습니다.

하지만 캠핑을 여름철에만 할 것이고, 잠만 자는 용도로 사용할 것이고, 혼자서만 사용할 것이다 등의 조건이 있다면 그것에 맞춰서 구매하면 됩니다. 텐트의 종류와 크기를 정하는 것은 온전히 취향의 문제입니다. 무겁지만 감성적인 면 텐트로 할지, 감성은 조금 떨어지지만 가볍고 설치가 편한 텐트로 할 지는 개인이 선택할 문제니까요.

캠핑은 정리다!

캠핑은 장비가 많이 필요합니다. 감성 캠핑이라면 더하지요. 챙겨야 하는 장비의 크기도 제각각이어서 캠핑 초보자는 어떤 것을 어떻게 정리를 해서 캠핑장까지 가져가야 할지 생각하면 머리가 지끈거릴 정도로 어려운 문제이지요.

미리 말씀 드리지만, 저는 정리의 신은 아닙니다. 오히려 정리를 잘하지 못하는 편에 더 가깝습니다. 하지만 캠핑을 떠날 때나, 캠핑을 마치고 돌아왔을 때나 짐 정리를 제대로 하지 않으면 캠핑 자체가 괴로운 일이 되어버리기 십상입니다. 그렇게 정리는 꼭 해야만 하는 필수과정이어서 제가 가진 정리 능력을 최대한 발휘해서 열심히 하고 있을 뿐이지요.

개인의 능력과 성격, 취향까지 전부 다를 수밖에 없습니다. 누군

오늘 하루 감성 캠핑

가에게는 정리가 지상 최대 과제일 수도 있고, 누군가에게는 아주 간단한 문제일 수도 있겠지요. 참으로 오묘한 분야인 것 같다는 생각이 드네요!

길잡이가 되어 드릴게요

정리를 잘하지 못하는 제가 캠핑용품을 어떻게 정리하는지 보여드리면 저처럼 정리에 어려움을 느끼는 분들에게 도움이 되지 않을까 생각해 봅니다. 장비를 선택할 때에는 여러 가지 물건을 잘 비교하고 사야 중복투자를 하지 않게 됩니다. 경제적인 여유가 아주 많다면야 이것저것 사서 써 보겠지만, 대부분은 그렇지 못하니까 시간을 갖고, 정보력을 총동원해서, 취향에 맞는 제품을 선택합니다. 그러면 실패가 적어지더군요. 하지만 정리는 그게 잘 안 되었습니다. 수많은 시행착오를 겪었고, 하나하나 직접 경험해서 지금의 정리 체계를 갖추게 되었지요.

정리의 고수라고 불리는 사람들이 정리하는 것을 보니 정리의 시작은 '분류하기'더라고요. 러시아의 마트료시카 인형을 쌓듯이 작은 것들을 모아서 조금 더 큰 곳에 모으고, 그것들을 모아서 다시 더 큰 곳에 담는 것입니다. 그래서 저도 분류를 나누어 보았습니다.

앞서, 캠핑도 집처럼 공간의 개념이 있다고 말씀 드렸지요. 그 개념에서 출발하는 것입니다. 보통 요리에 관련된 장비들이 크기가 작기 때문에 저는 주방부터 정리를 시작합니다. 그리고 점점 더 큰 용품 정리를 하고요.

1단계 - 주방용품

커트러리와 오프너, 칼 등은 작은 통에 담습니다. 여러 개의 파우치가 있는데, 각각 용도가 있습니다. 작은 소스 접시나 컵 받침을 담는 것, 접시와 그릇을 담는 것, 컵을 담는 것, 나무 도마를 담는 것으로 나눌 수 있습니다. 팬 종류는 그을음이 묻어 있기 때문에 비닐봉지로 한 번 감싼 후 커다란 주머니에 넣습니다.

그리고 이렇게 소분된 것들을 알루미늄 박스에 차곡차곡 넣어서 그 안에서 흔들리지 않도록 합니다.

2단계 - 랜턴

주방용품 정리가 끝나면 랜턴을 정리하기 시작합니다. 작은 램프는 작은 것끼리, 큰 랜턴은 큰 것끼리 전용 파우치에 넣은 후 알루미늄 박스에 틈이 생기지 않도록 밀착시켜서 담습니다. 그리고 이소 가스 커버를 차곡차곡 쌓습니다. 그 후에 장갑 집게, 도끼, 파이어 블로우, 랜턴 걸이 등 폭이 좁고 기다란 장비를 빈 공간에 채워 주는 거지요. 그래도 남는 공간은 방염 장갑이나 키친타월 또는 물티슈 같은 것으로 채워서 안이 흔들리지 않게 합니다. 랜턴은 대부분 깨지기 쉬운 유리를 포함하고 있기 때문에 틈을 꼼꼼히 채워주는 것이 좋습니다.

3단계 - 작은 장비들

밀크박스라고 불리는 캠핑용품이 있습니다. 저는 토치나 인센스 홀더처럼 작은 장비들을 담는 용도로 사용하고 있습니다. 장비의 양이 많을 때에는 밀크박스 두 개에 나누어 넣기도 하지요.

오늘 하루 감성 캠핑

4단계 - 큰 장비들

타프, 에어 매트리스, 침낭, 필로우, 전기요 등 푹신한 장비들을 큰 가방 하나에 담습니다. 비슷한 용도로 사용하는 것들끼리 한 군데에 묶어두는 것이 가장 좋습니다.

5단계 - 테이블과 의자 등의 장비들

제가 쓰고 있는 우드 테이블과 의자, 텐트, 야전침대, 랜턴 걸이, 행어 등 길이가 비슷한 장비들을 큰 가방 하나에 담습니다. 이것도 마찬가지로 한 군데에 묶어두는 것이 가장 좋습니다.

6단계 - 마지막 정리 제품들

마지막으로, 난로나 아이스박스 같은 큰 제품을 정리하는데 이것들도 서로 부딪히면 파손될 위험이 있기 때문에 전용 파우치가 있다면 거기에 담는 것이 가장 좋습니다. 그렇지 못한 것들은 꼼꼼히 묶고, 싸고, 넣어야 하겠지요. 전기 릴선도 이때 함께 파우치에 넣어서 함께 묶어둡니다.

기타 물품 정리

캠핑을 즐기다 보면 매번 가지고 가는 장비가 조금씩 달라지는 경우가 생깁니다. 텐트도 계절에 따라서 구매했다면 어느 계절에 캠핑을 떠나는지에 따라서 달라지는 것과 같은 이치이지요.

기본 정리가 잘 되어 있으면 장비 변경은 큰 문제가 되지 않습니다. 오히려 정리하기 애매한 크기의 장비나 물품의 정리가 어려울 때가 있습니다. 그럴 때에는 스토리지 백이라는 넉넉한 크기의 가방을 사용하면 좋습니다.

캠핑을 가다가 깜빡하고 빼먹은 물품이 생각이 나서 편의점에 들러 구매하거나, 트렁크에 테트리스를 쌓듯이 완벽하게 짐을 다 실었는데 최종점검하다가 미처 챙기지 못한 스피커 전원 라인이 생각났다거나 하는 일이 있을 수 있지요. 그럴 때 기타 물품으로 분류한 가방이 있다면 편하게 담을 수 있습니다. 한 번 사용해 보면 얼마나 편한지 알 수 있습니다.

-스토리지 백 : 미니멀웍스 스토리지 백 스퀘어
(Minimalworks Storage Back Square)

빈티지한 색감이 좋아 어디에 두어도 잘 어울리며 그물망이 있어서 물품들이 떨어지거나 분실되는 것을 막아줍니다.

캠핑은 각

분류를 잘 마친 제품을 이제는 차에 실어야 합니다. 한정된 공간에 많은 짐을 잘 실어야 하지요. 한 번쯤은 들어봤을 '테트리스 신공'이 이때 필요합니다! 차곡차곡 쌓는 것이 힘들기도 하고, 어서 떠나고 싶은 마음에 무턱대고 싣다 보면 분명히 죽는 공간이 생기게 되고 그러면 소중한 장비가 깨지거나 차의 실내가 파손되기도 합니다. 그러니 제일 집중력을 발휘해야 할 때이기도 하지요.

정리한 장비는 모두 트렁크 근처에 배치합니다. 최대한 틈이 생기지 않도록 크고 무거운 짐부터 차곡차곡 넣습니다. 대부분의 캠핑장 진입로는 길이 매끄럽지 않은 경우가 많아서 흔들림이 생깁니다. 채워지지 않는 빈 곳에는 작은 장비들을 넣어서 채우면 차가 흔들려도 장비는 움직이지 않지요.

트렁크에 장비를 빽빽하게 잘 싣고 나면 기분이 좋습니다. 이렇게 하는 방식이 몸에 배이고 나면, 캠핑장 도착 후 제일 먼저 꺼낼 장비를 마지막에 넣는 화룡점정의 경지에 다다르게 되지요.

없어도 되지만 있으면 좋은 감성 장비

감성 캠핑 자체가 이미 캠핑에 없으면 안 되는 것들과는 상관 없는 것이라고 생각할 수 있습니다. 하지만 기본적인 세팅을 하고서도 뭔가 더 감성적인 느낌을 채우고 싶은 마음이 생길 때 슬슬 관심이 가는 장비들이 있습니다.

① 모기향 홀더 : TS BBQ 스테인레스 모기향 홀더(TS BBQ Stainless Mosquito Holder), 우드홀더(정보 미상), 미니멀웍스 모깃불

동그란 모기향에 불을 붙인 후 커버를 씌우고 바닥에 놓거나 행어에 걸어 놓으면 구멍으로 연기가 나오는 모습을 볼 수 있습니다. 그 모습이 꽤나 감성적이지요. 캠핑 장비를 만드는 업체, 혹은 감성 캠핑을 좋아하는 캠퍼는 여름이면 다양한 모기향 홀더를 만들고, 찾

고 있지요. 그만큼 여름 캠핑을 할 때에 감성을 만드는 데에 큰 역할
을 하고 있는 장비입니다.

　알다시피 모기향을 사면 기본 홀더가 들어 있기 때문에 이런 모
기향 홀더는 꼭 필요한 제품은 아니지만 있으면 감성지수가 쭉쭉 올
라가는 장비입니다. 또, 기본 홀더에만 두면 만에 하나 불꽃이 떨어져
불이 날 수도 있지만 이 제품은 그런 위험이 적어서 안정적입니다.

　② 진막(정보 미상)

　불과 최근까지도 검색창에 진막이라고 치면 단 한 개의 제품도
검색되지 않았던 장비입니다. 저는 우연히 해외사이트에서 발견하고
한순간에 반해서 구입했고, 지금은 다양한 형태의 진막이 판매되고

　　　　　　　　　　　　　　　　　오늘 하루 감성 캠핑

있는 것을 알 수 있지요.

화로대를 사용할 때에 갑자기 부는 바람을 막아주기 위한 장비이지만 야생에서 캠핑하는 기분이 들게 해 주기 때문에 감성 캠핑에 잘 맞습니다. 특히 부쉬 크래프트 캠핑에 잘 어울리는 터프한 장비입니다.

③ 해먹 : 토이목 해먹(TOYMOCK hammock)

체어와 침대의 장점을 하나로 묶은 장비입니다. 특히 아이들이 무척 좋아하는 장비이기도 하지요. 원래는 나무에 묶어서 사용하도록 되어 있지만 저는 캠핑장에서 뿐만 아니라 집에서도 사용이 가능하도록 스탠트와 세트로 구성된 해먹을 구입했습니다. 그래서 나무가 없어도 어디서든 해먹을 즐길 수 있지요.

해먹에 누워 흔들흔들 하다 보면 금세 낮잠에 빠져듭니다. 보기에도 좋고 사용할 때에 기분도 좋아서 행복한 감성을 느낄 수 있습니다.

④ 파라솔 : 위모캠프 감성 우드 태슬 비치 파라솔
(Wiimo Camp Sensitive Wood Tassel Beach Parasol)

비치 파라솔은 말 그대로 바닷가에서 사용하는 장비입니다. 하지만 캠핑하는 곳이라면 어떤 곳에 펼치고 사용해도 아름다움을 주지요. 그늘을 만들기 위해 탄생한 장비이지만 감성 캠핑에서는 그늘보다는 분위기를 만들어 주는 역할이 더 크다고 할 수 있습니다.

최근에는 다양한 디자인의 파라솔이 판매되고 있습니다. 그래도 역시 여름 바닷가에 어울릴 예쁜 색의 파라솔과 비치타올 만으로 미

니멀한 나만의 쉼터를 만들었을 때 파라솔이 가장 예뻐 보이는 것 같습니다.

제가 구입한 파라솔은 면 소재로 되어 있어서 역시 무겁기는 하지만 소재가 주는 감성이 좋고 태슬이 달려 있어서 산들바람에 나부끼는 모습이 보기 좋지요. 소녀 감성을 불러일으키는 장비입니다.

⑤ 파이어 블로우(정보 미상)

해외여행을 갔을 때에 캠핑샵에서 구매한 제품입니다. 모닥불이 꺼지려 할 때 입으로 바람을 불어넣어서 불을 키우는 장비입니다. 불 가까이에 얼굴을 대지 않아도 바람을 불어 넣을 수 있어서 꽤 유용하게 사용 중입니다.

⑥ 피자팬 : 캡틴스태그 피자그릴 & 파이어 스탠드

(Captainstag Pizza Grill & Fire Stand)

캠핑을 하면서 냉동 피자를 구워 먹는 것은 어렵지 않습니다. 하지만 각자 좋아하는 재료를 직접 토핑해서 진짜 피자를 만드는 경험은 매우 놀랍지요!

먼저 화로대에 장작을 태워 숯을 만든 후 뚜껑 위에 올려 놓습니다. 그러면 위아래로 열이 가해지기 때문에 아래쪽 도우와 위쪽의 토핑과 치즈가 모두 고르게 잘 익게 되지요. 야외에서 바로 구운 피자와 맥주 한 잔을 맛본다면 집에서 배달해서 먹는 피자는 시시하게 느껴질 것입니다.

오늘 하루 감성 캠핑

⑦ 아이스 바스켓 : 코르크 아이스 바스켓(Cork Ice Basket)

여름에 캠핑할 때에 음료를 시원하게 마실 수 있도록 도와주는 장비입니다. 보통은 스테인리스 재질의 제품이 많은데 코르크로 만들어진 이 제품은 감성 캠핑에 잘 어울릴 것 같아서 구입했습니다.

⑧ 장작 거치대 : 행아웃 로그 캐리, 로그 스탠드, 파이어 사이드 테이블
(HangOut Log Carry, Log Stand, Fire Side Table)

화로대 옆에 놓고 장작을 보관하는 용도로 사용하는 제품입니다. 장작 보관 외에 테이블로도 사용이 가능하기 때문에 여러모로 잘 사용하고 있지요.

⑨ 커피로스터 : 발명공방 커피 로스터(Invention Coffee Roaster)

생두를 로스팅하는 장비입니다. 로스팅 후 바로 그라인딩 해서 커피를 마시는 것은 올바른 방식은 아니기는 하지만 로스팅 할 때부터 풍기는 커피 향이 너무 좋기 때문에 사용하고 있지요.

작지만 알아 두면
좋은 것들

캠핑을 하다 보면 예기치 못한 일들이 생겨서 당황하게 되는 경우가 있습니다. 비비람이 불거나 폭설이 내리거나 하는 경우가 아니어도 미리 알고 대비하면 좋은 것들이 있지요. 수년 동안 캠핑을 하면서 알게 된 작은 것들에 대해 이야기해 보려고 합니다! 미처 생각하지 못할 수도 있는 점일 수도 있으니 알아 두면 좋을 거예요!

① 대한민국 어디에나 고양이가 살지요. 캠핑장도 마찬가지입니다.

남은 음식이나 음식이 묻은 쓰레기를 비닐봉지에 담아서 그냥 두고 자면 다음 날 고양이들이 산산조각을 내버린 처참한 모습을 보게 될 것입니다. 잠들기 전에 쓰레기는 꼭 처리하고 자거나 그것이 힘들면 고양이 발에 닿지 않는 곳에 걸어두고 자는 게 좋습니다. 고양이 밥

오늘 하루 감성 캠핑

을 챙겨주려는 분은 먹기 편하게 그릇에 담아 따로 놓아 주세요. 그러면 그것만 먹고 돌아간답니다.

② 혹시 모를 작은 상처에 대비해 밴드를 꼭 가지고 다니세요.
앞서 말했듯이 캠핑을 하다 보면 손과 발을 많이 쓰게 되는데 반창고가 필요할 때가 있습니다. 부피가 큰 것도 아니니 필수로 꼭 챙기는 것이 좋습니다.

③ 신발은 반드시 텐트 안에 두고 주무세요.
깜빡했다면 다음 날 그냥 신지 마시고 신발을 꼭 털어서 벌레가 들어갔는지 확인하는 것이 좋습니다.

④ 캠핑하며 바깥에 두었던 장비들은 곧바로 실내에 들이지 마세요.
야외에 있는 동안 붙었을 수 있는 벌레가 집으로 옮을 수 있습니다. 꼭 걸레 등으로 닦은 후에 집으로 옮기는 것이 좋습니다.

⑤ 랜턴의 심지 길이를 항상 확인하세요.
까맣게 잊고 있다가 심지가 닳아 불을 켤 수 없는 상황이라는 것을 캠핑장에서 발견하는 경우도 종종 있거든요. 여분의 심지가 없을 때에는 수건을 같은 폭으로 잘라서 사용하면 웬만큼 커버는 되지만 그래도 심지가 제대로 있는 것이 좋겠지요.

⑥ 텐트를 접기 전에 모든 장비를 다 꺼냈는지 꼼꼼하게 확인하세요.

작아서 눈에 잘 띄지 않는 장비를 자칫 텐트에 그냥 놔둔 채로 접을 수 있습니다. 그렇게 되면 장비와 텐트가 상할 수 있고 어느 날 갑자기 작은 장비가 사라졌다며 집이나 차 안을 온통 뒤집어 놓으며 장비 찾느라 시간을 허비할 수 있습니다.

⑦ 천으로 만든 장비는 트렁크에 오래 두지 마세요.

특히 장마철에는 텐트나 타프, 매트, 필로우 등 천으로 만든 장비를 트렁크에 오래 두면 안 됩니다. 곰팡이 천국을 만날 수 있습니다!

⑧ 등유 난로 심지를 약하게 하지 마세요.

실내 온도가 높거나 잠을 자기 전에 오랜 시간 난로가 꺼지지 않도록 유지하려고 심지를 너무 낮게 해두면 그을음이 생겨서 텐트 내부가 온통 시커멓게 뒤덮일 수 있습니다. 텐트 그을음은 텐트 세탁소에서도 해결할 수 없는 문제이기 때문에 꼭 심지는 중간 정도 이상으로 조절하세요.

⑨ 캠핑에 도움이 되는 정보를 알려 드립니다!

무엇이든 장비는 새것이 좋겠지요. 하지만 캠핑 라이프를 즐기다 보면 분명 중고 장비를 마련할 때가 생깁니다. 가지고 싶었던 장비가 품절이라던가, 새것은 너무 고가여서 부담이 된다던가 등등의 이유로 말이지요. 보기에는 마음에 들어서 구입했는데 막상 사용해 보니 자신과 맞지 않는 장비를 처분해야 하기도 하고요.

그래서 캠핑용품도 중고장터가 활발하게 운용되고 있습니다. 저는 네이버 '초캠장터' 카페를 자주 이용합니다. 무엇보다 가장 많은 사람이 이용하기 때문에 내가 찾는 물건을 찾기 쉽지요.

캠핑 장비는 온라인이나 오프라인 매장에서 구입하면 되는데 캠핑을 시작하는 초기에는 오프라인 매장에 가서 여러 장비를 구경하는 것도 도움이 됩니다. 생각하는 것과 실제로 보는 것은 큰 차이가 있으니까요. 특히 캠핑은 장비의 크기가 중요한 취미입니다. 실제 크기에 대한 감을 가늠하기가 쉽지 않기 때문에 실물을 꼭 보고 구입하는 것을 추천합니다. 최근 많이 생기고 있는 엔보트NVOT라는 캠핑용품 편집샵이 규모 있게 잘 되어 있고 지역마다 매장이 생기고 있어서 사는 곳과 가까운 곳으로 가면 되기 때문에 편리합니다.

어느 정도 캠핑이 몸에 익으면 자신의 스타일이 생기기 마련입니다. 이때에는 온라인으로 주문해도 실패할 확률이 적습니다. 온라인 매장은 자신의 취향대로 검색하면 금세 좋은 물건을 찾을 수 있습니다.

또한 매년 캠핑박람회가 열리는데 캠핑 문화가 얼마나 발전하고 있는지, 새로운 장비는 어떤 것들이 있는지 등을 한눈에 알 수 있어서 좋습니다. 전시하면서 박람회 특가로 판매도 하고 있어서 취향에 맞는 제품을 만나면 저렴하게 구입할 수 있는 기회도 있지요.

캠핑 박람회는 고카프GOCAF가 가장 큰 규모로 매년 열리고 있고, 고아웃 캠프GO OUT CAMP라는 최대의 캠핑 축제도 있습니다. 코로나 이전에는 박람회가 자주 열렸고 캠핑 축제도 열렸었지만 현재는 종류나 규모가 많이 줄은 상황입니다. 다시 예전처럼 일상을 회복한다면 다시 개최되겠지요.

⑩ 캠핑 떠나기 전에 이것만큼은 확인하고 가세요.

하나 - 기상청에서 제공하는 예보를 꼭 확인하세요. 먼 곳으로 갈수록 내가 사는 곳과 날씨가 다를 확률이 높습니다. 캠핑장이 있는 지역의 최저기온과 최고기온 그리고 비나 강풍 예보가 있는지 꼼꼼하게 살펴봐야 합니다.

도시와 자연의 기온은 많이 다릅니다. 높은 산 속으로 가면 여름에도 추울 수 있고 바닷가 쪽은 바람이 얼마나 강하게 부는지도 꼭 확인해야 합니다. 그래야 기후에 맞는 장비를 준비해 갈 수 있습니다.

둘 - 가급적 캠핑장에 확인 전화를 해 보고 출발하세요. 있을 수 없고, 있어서도 안 되는 일이지만 정말 가끔씩 캠핑장 예약이 잘못되어 있는 경우가 있습니다. 그래서 출발 전에는 꼭 캠핑장에 예약확인 전화를 하는 게 좋습니다. 한 사이트에 두 팀에 예약되어 있는 것을 모르고 출발했다면 얼마나 낭패일까요!

셋 - 중요한 장비를 집에 두고 가는 일이 없도록 체크리스트를 작성해서 꼼꼼하게 확인하는 것이 좋습니다. 특히 1박 이상의 캠핑이라면 텐트 등의 부품이 다 있는지 확인하는 게 좋습니다. 저도 대규모 가족 캠핑을 떠났는데 대형 TP텐트의 메인 폴대를 가져가지 않아서 캠핑장에서 쇠파이프를 얻어 겨우 피칭을 마쳤던 아찔했던 기억이 있습니다. 확인은 두 번 세 번 해도 부족하지 않은 것 같습니다!

⑪ 바닥 환경에 따라서 텐트 피칭이 조금씩 달라요!

-잔디

잔디가 잘 가꾸어진 곳에는 팩다운 하기가 쉽습니다. 무엇보다 텐트를 피칭하고 나면 아름답지요. 하지만 진드기가 있을 수 있습니다. 어린아이나 강아지와 함께라면 진드기 방지용 스프레이가 필수이지요. 잔디가 푸르른 계절이 아니라면 텐트에는 죽은 잔디 가루가 엄청나게 달라붙는다는 단점도 있습니다.

-모래

대부분의 모래는 바닷가에 있기 때문에 텐트를 피칭하고 나면 굉장히 아름답지요. 하지만 보통의 팩으로는 고정이 쉽지 않기 때문에 모래에 맞는 팩을 따로 준비해야 합니다. 그리고 바람이 불면 모래가 날리고 장비에 모래가 많이 묻는다는 단점이 있지요.

-파쇄석

모든 장비에 흙이 적게 묻어서 정리할 때 좋습니다. 하지만 조금은 인위적인 느낌이 들고 걸을 때 소리가 많이 납니다.

-흙

흙 위에 텐트를 피칭하면 자연 속에 있는 느낌이 들지요. 하지만 장비에 흙이 많이 묻습니다. 특히 비라도 오면 모든 장비가 엉망이 되어 버려서 뒤처리를 하는 데 애를 먹게 되지요.

-나무 데크

장비 오염 없이 가장 쾌적하게 캠핑을 할 수 있습니다. 인위적으로 만든 바닥이지만 나무라는 소재가 주는 친근함 때문에 감성 온도를 높여 주지요. 하지만 데크 크기에 캠핑 장비를 맞춰야 하기 때문에 크기가 큰 텐트는 설치를 하지 못하는 경우도 있습니다. 나무와 나무 사이에 있는 틈에 끼워서 사용하는 데크팩을 이용해야 하는데 위치 선정이 제한적이어서 내가 원하는 곳에 팩을 설치하기가 힘이 들지요. 팩 수가 많은 텐트는 설치하기 힘이 들고 텐트의 각도 잘 살리기 힘듭니다.

오늘 하루 감성 캠핑

기본적인 캠핑 장비 구입 체크리스트

처음 캠핑을 시작할 때 필요한 최소한의 장비 리스트가 있습니다. 선풍기나 난로처럼 계절에 따라 필요한 항목을 포함해서 반드시 필요한 장비만으로 구성했으니 확인해서 준비하시면 도움이 될 것입니다.

필수항목	
☐ 텐트	☐ 난로(등유·화목 난로, 팬히터, 급유기, 깔때기)
☐ 그라운드시트	☐ 연료(장작, 이소·부탄가스, 파라핀오일 등)
☐ 매트	☐ 토치(랜턴용, 장작용)
☐ 침낭	☐ 장작 집게
☐ 베개	☐ 장갑
☐ 테이블	☐ 물티슈
☐ 의자	☐ 키친타월
☐ 버너	☐ 랜턴
☐ 팬	☐ 랜턴 걸이
☐ 화로대	☐ 전기장판
☐ 식기(수저, 칼, 가위, 도마, 접시)	☐ 선풍기(서큘레이터)
☐ 식기(컵, 시에라 컵, 병따개)	☐ 릴 선

선택항목	
☐ 팩	☐ 쉘프
☐ 블루투스 스피커	☐ 행어
☐ 인센스 홀더와 인센스	☐ 식기 세척 장비(수세미, 세제)
☐ 양념통	☐ 감성 소품들(알전구, 가랜드 등)
☐ 테이블보	☐ 장작 거치대
☐ 휴지통	

'피크니캠프'를 사랑해 주시는 분들 덕분에 책까지 쓰게 되었습니다. 영원히 감사를 드려도 모자랄 만큼의 사랑입니다.

머리글에서 말했듯이 저는 감성 캠핑의 고수라고 말하지는 못합니다. 그리고 앞으로도 고수가 될 생각은 없고요. 고수라고 하면 왠지 전부 다 알고 있는 사람이라는 느낌이 들지요. 저는 아직도 궁금한 장비가 많고, 해보고 싶은 캠핑 스타일이 많은 사람일 뿐입니다. 저는 그저 오래오래 갈망하고, 그러다가 기회가 되면 직접 해볼 수 있을 것이라는 기대감을 늘 안고 살아가고 싶습니다.

제가 아는 것에 비하면 알지 못하는 것이 더 클 것입니다. 그렇기에 제가 아는 것들이라도 잘 말씀 드리고 싶었습니다. 아직도 탐구하고, 알아가고 있기 때문에 책의 내용 중 일부라도 마음에 들지 않거나 맞지 않다는 생각을 하셨다면 너그럽게 이해해 주시기를 부탁드립니다.

저는 어제보다 오늘 더 좋은 사람이 되는 것을 목표로 살고 있습니다. 자극적인 콘텐츠가 아니라 슴슴하지만 자꾸 찾게 되는 그런 캠핑 영상을 오래도록 만드는 것도 포함되지요.

여러분은 그동안 제게 많은 힘이 되어 주셨고, 그 여정에 함께 하고 계십니다. 앞으로도 건강이 허락하는 날까지 이 좋은 캠핑을 오래도록 하면서 좋은 분들과 나누기를 바랍니다. 영상으로 다시 만나도록 해요!

SEE YOU NEXT CAMP!

작은 텐트 하나로 시작된 감성 라이프

오늘 하루, 감성 캠핑

펴 낸 날 1판 1쇄 2022년 2월 14일
　　　　 1판 2쇄 2023년 3월 14일

지 은 이 안홍준(피크니캠프)
펴 낸 이 고은정

펴 낸 곳 루리책방(ruri-books)
출판등록 2021년 01월 04일

전　　 화 070-4517-5911
팩　　 스 050-4237-5911
이 메 일 ruri-books@naver.com
블 로 그 blog.naver.com/ruri-books
인 스 타 @ruri_books

ISBN 979-11-973337-3-6 (13980)

Take delight in the Lord, and he will give you the desires of your heart.

Psalms 37:4